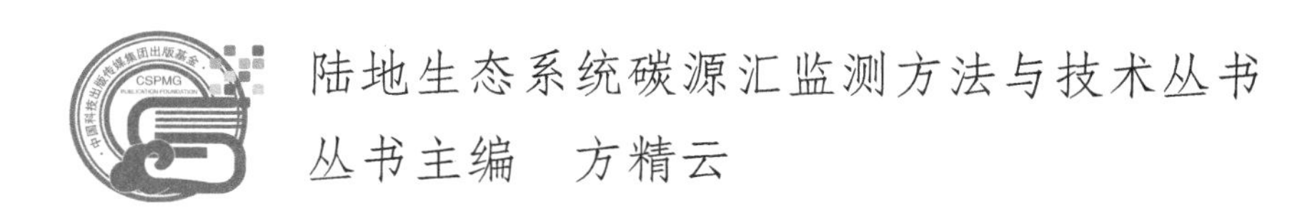

陆地生态系统碳源汇监测方法与技术丛书

丛书主编　方精云

陆地生态系统碳储量调查和碳源汇数据收集规范

王襄平　赵　霞　主编

科学出版社

北　京

内 容 简 介

陆地生态系统是重要的碳库和碳汇，但在人为干扰和气候变化影响下，部分生态系统也可能转变为碳源。对陆地生态系统碳库进行系统调查，以及收集、整理文献中碳源汇数据，是科学评估陆地生态系统碳源汇功能的基础。本专著在对以往研究中样地尺度碳源汇调查和研究方法进行系统梳理和评估的基础上，总结形成了陆地生态系统植被和土壤碳库调查两套技术规范，包括野外样地设置、调查方法、样品分析、碳库估算等各环节的方法和操作规范。同时，在项目组大量文献数据收集和分析实践的基础上，制定了陆地生态系统碳收支文献数据收集规范。

本书旨在为从事碳源汇研究的科技人员提供野外样地调查和数据收集的技术规范，同时为相关领域研究的学者，学生和管理、技术人员提供参考和借鉴。

图书在版编目（CIP）数据

陆地生态系统碳储量调查和碳源汇数据收集规范/王襄平，赵霞主编. —北京：科学出版社，2022.6

（陆地生态系统碳源汇监测方法与技术丛书/方精云主编）

ISBN 978-7-03-072392-5

Ⅰ. ①陆…　Ⅱ. ①王…　②赵…　Ⅲ. ①陆地–生态系–碳–储量–调查研究　②陆地–生态系–碳循环–数据收集–规范　Ⅳ. ①X511

中国版本图书馆 CIP 数据核字（2022）第 095705 号

责任编辑：岳漫宇 / 责任校对：郑金红
责任印制：赵　博 / 封面设计：无极书装

科学出版社 出版
北京东黄城根北街 16 号
邮政编码：100717
http://www.sciencep.com
北京建宏印刷有限公司印刷
科学出版社发行　各地新华书店经销
*
2022 年 6 月第　一　版　开本：787×1092　1/16
2025 年 1 月第三次印刷　印张：8 1/4　插页：1
字数：199 000

定价：108.00 元

（如有印装质量问题，我社负责调换）

《陆地生态系统碳储量调查和碳源汇数据收集规范》作者名单

（按姓氏拼音排列）

郭跃东　郭志文　孙　晗　孙　妍

唐志尧　王襄平　王雪梅　徐胜祥

赵　霞　赵淑清

资 助 项 目

国家重点研发计划子课题：陆地生态系统碳源汇监测方法与标准研编（2017YFC0503901）

国家自然科学基金面上项目：演替和气候对我国纬度梯度上森林的个体和群落尺度相关生长的影响机制（31870430）

国家重点研发计划子课题：气候变化对西南生态安全影响规律和机理（2016YFC0502104）

丛 书 序

实现碳达峰、碳中和目标已成为我国的国家战略。按照这一战略目标，我国将于2030年之前化石燃料碳排放达到峰值，即碳达峰；2060年实现化石燃料净零碳排放，达到碳中和。实现碳中和的两个核心也是决定因素，即碳减排和碳增汇。也就是说，增加生态系统对CO_2的吸收（称之为碳汇，carbon sink），是减缓大气CO_2浓度和全球温度上升、应对全球变暖、实现碳中和不可或缺的途径。因此，研究陆地生态系统碳汇及其分布是全球变化研究的核心议题，也是世界各国极为重视的科技领域。

最近的研究显示，全球陆地生态系统自20世纪60年代的弱碳源（−0.2 Pg C/年；1 Pg = 10^{15} g = 10亿t），变化到21世纪第一个10年的显著碳汇（1.9 Pg C/年），说明陆地生态系统在减缓大气CO_2浓度中的显著作用。然而，受生态系统碳源汇监测手段和模型模拟精度等方面的限制，人们对碳源汇大小及其空间分布的估算尚存在较大的不确定性。特别是以往的研究基于不同方法和技术手段，缺乏统一规范和标准，使得不同研究之间缺乏可比性，从而影响了陆地碳源汇的准确评估和预测，进而影响气候变化政策的制定。因此，构建陆地生态系统碳源汇监测的方法、标准和规范体系，提高碳循环监测数据质量以及数据间的可比性，就显得十分重要和迫切。

鉴于此，我们于2017年申报了国家重点研发计划项目“陆地生态系统碳源汇监测技术及指标体系”（2017YFC0503900），并于当年启动实施。该项目的总体目标包括两方面。一是明确现有陆地生态系统碳源汇监测方法和技术规范存在的问题和缺陷，提出并校验碳循环室内模拟和野外控制实验方法，改进碳通量连续观测技术，研编陆地生态系统碳汇监测的方法标准和技术规范。二是通过整合历史数据和本项目的研究结果，构建不同尺度、全组分碳循环参数体系，研发我国陆地生态系统碳源汇模拟系统，阐明碳源汇大小及时空格局。作为实现这个总体目标的表现形式，项目的主要考核指标是出版一套关于陆地生态系统碳源汇监测技术和方法的丛书，其中包括《中国陆地生态系统碳源汇手册》。

经过项目组全体成员5年多的共同努力，项目取得了显著进展，达到了预期目标，丛书各册也研编完成。我们把丛书名定为“陆地生态系统碳源汇监测方法与技术丛书”，现由4分册组成。本丛书通过对以往各类研究方法进行梳理、评价和校验，以及对部分方法的改善、新方法的开发，对陆地生态系统碳源汇的研究方法和技术体系进行了系统总结。需要说明的是，原计划列入丛书的《中国陆地生态系统碳源汇手册》一书，由于其体裁和内容主要以数据和图表为主，与目前丛书的各册差异较大，用途也有所不同，故没有纳入此丛书中。现将丛书的4分册简要介绍如下。

《陆地生态系统碳储量调查和碳源汇数据收集规范》。该分册由王襄平教授和赵霞博士主编，主要介绍样地尺度植被和土壤碳库调查两套技术规范，包括野外样地设置、调查方法、样品分析、碳库估算等各环节的方法和操作规范，以及用于陆地生态系统碳收支研究的文献数据收集规范。

《陆地生态系统碳过程室内研究方法与技术》。该分册由胡水金教授和刘玲莉研究员主编，主要介绍稳定同位素技术在陆地生态系统碳循环中的应用，土壤有机碳的分组及测定方法，土壤微生物及酶活性的测定及其对土壤有机碳的影响，光谱学方法在有机碳研究中的应用，植物根系的研究方法及其对土壤有机碳的影响等。

《全球变化野外控制试验方法与技术》。该分册由朱彪教授主编，主要总结近 30 年国内外在全球变化野外控制实验领域的研究成果，比较全面地梳理了野外控制实验的各项技术和相关进展，并结合典型案例介绍了碳循环关键过程对全球变化要素的响应，具体内容涉及大气 CO_2 和臭氧浓度增加、气候变暖、干旱和极端气候事件、氮磷沉降、自然干扰和生物入侵等主要的全球变化要素。

《碳通量及碳同位素通量连续观测方法与技术》。该分册由温学发研究员主编，系统介绍并评述生态系统 CO_2 通量及其碳同位素通量连续观测方法与技术的研究进展与展望。主要内容包括：生态系统 CO_2 及其碳同位素的浓度和通量的特征及其影响机制，CO_2 及其碳同位素的浓度与三维风速的测量技术和方法，涡度协方差通量、箱式通量和通量梯度连续观测技术和方法的理论与实践，通量技术和方法在生态系统和土壤碳通量组分拆分中的应用等。

在项目实施和本丛书编写过程中，项目成员和众多研究生做了大量工作。项目专家组成员和一些国内外同行对项目的推进和书稿的撰写提出了宝贵建议和意见。特别是，在项目立项和实施过程中，得到傅伯杰院士、于贵瑞院士、孟平研究员、刘国华研究员、中国 21 世纪议程管理中心何霄嘉博士的悉心指导和帮助；项目办公室朱江玲、吉成均和赵燕等做了大量管理、协调和保障工作；科学出版社的编辑们在出版过程中给予了认真编辑和校稿。在此一并致谢。

最后，希望本丛书能为推动我国陆地生态系统碳源汇研究发挥积极作用。丛书中如有遗漏和不足之处，恳请同行专家与广大读者批评指正。

方精云

2022 年 6 月 16 日

于昆明呈贡

前　言

陆地生态系统是重要的碳库和碳汇。最近的研究表明，全球陆地生态系统从 20 世纪 60 年代的弱碳源（–0.2 Pg C/年）逐步增加为 21 世纪第一个 10 年的碳汇（1.9 Pg C/年）。因此，联合国政府间气候变化专门委员会（Intergovernmental Panel on Climate Change，IPCC）认为生态系统固碳是目前最经济可行和环境友好的减缓大气 CO_2 浓度升高的途径。但是，由于气候变化和人类活动的影响，研究发现一些陆地生态系统也可能转变为碳源，从而进一步加剧气候变化。因此，阐明陆地生态系统碳源汇大小及其分布特征是全球碳循环研究中的核心议题。

过去几十年来，国内外对我国以及全球陆地生态系统碳循环过程、碳源汇格局及其动态开展了大量研究。然而不同研究中采用的监测方法及技术规范等不同，使得研究得到的碳源汇大小及其形成机制缺乏可比性，同时碳源汇监测数据在不同区域的分布也很不均衡，使得大尺度陆地碳源汇格局的估算还存在很大的不确定性。因此，采用统一的方法和技术规范，对不同区域的生态系统进行调查和监测，将有助于提高碳循环监测数据质量以及数据间的可比性，进而有助于准确认识陆地生态系统碳源汇格局及其形成机制。而构建陆地生态系统碳源汇监测方法、标准和规范体系，则是这一工作的基础。

为此，2017 年 7 月，中华人民共和国科学技术部和中国 21 世纪议程管理中心启动了国家重点研发计划项目“陆地生态系统碳源汇监测技术及指标体系”。该项目除了研发陆地碳源汇监测和实验研究的新方法外，另一个重要的目的，就是通过文献调研梳理现有的陆地生态系统碳源汇监测方法与技术，并结合实证研究对有关方法的精度、适用条件等进行评估和校验，从而构建符合我国陆地生态系统实际情况的碳源汇监测方法和技术规范体系。在此基础上，系统收集整理国内外历史文献中的碳源汇数据，进而整合碳通量观测、卫星遥感、模型模拟等多源数据，以建立一套完整、规范化、覆盖不同尺度的碳循环参数体系，完成中国陆地生态系统碳收支的时空格局评估。

作为本项目研究的一部分，本书的研编组主要负责样地尺度碳源汇的调查方法及数据收集的相关技术规范。研编组汇集了本项目从事森林、草地、灌丛、沼泽、农田和城市生态系统的研究人员，在长期研究实践经验总结的基础上，通过对现有方法的梳理、评估，并吸收了最新的研究进展，总结形成了三个技术规范。其中，野外样地调查方法包括两个技术规范，即《陆地生态系统植被碳储量调查规范》和《陆地生态系统土壤碳储量调查规范》。这两个规范的主要内容包括：①野外调查样地设置的技术规范；②样地调查的指标及调查方法的技术规范；③实验室分析规范；④样地尺度碳储量估算方法；⑤区域尺度碳储量估算方法和技术规范。此外，为了配合本项目对国内外样地尺度碳源汇数据进行收集整理的需要，在国内首次研编了《陆地生态系统碳收支文献数据收集规范》，以提高数据收集的质量和规范性。该规范的主要内容包括：①陆地生态系统碳收支主要测定、计算方法的总结和梳理；②文献数据收集规范，包括样地地理属性、群落属性、碳循环（碳储量和碳通量）属性、植物功能性状、乔灌木生物量方程等方面数据收集的规范及数据收集表格等。

本书共分为3部分，包括：第1章，陆地生态系统植被碳储量调查规范，作者为王襄平、郭跃东、孙晗、孙妍、郭志文、徐胜祥、唐志尧、赵淑清；第2章，陆地生态系统土壤碳储量调查规范，作者为赵霞、徐胜祥、郭跃东、孙妍、赵淑清、孙晗、王襄平；第3章，陆地生态系统碳收支文献数据收集规范，作者为王襄平、郭跃东、徐胜祥、郭志文、王雪梅、孙晗。

本书的编写充分参考和借鉴了以往陆地生态系统样地调查的标准、规范等研究成果，在此向研究制定这些规范、标准的学者表示衷心的感谢。本书的编写得到了项目各课题参与人员的大力支持，其中《陆地生态系统碳收支文献数据收集规范》是在项目组多位教师、研究生大量的文献数据收集、整理实践的基础上总结形成，并根据数据收集中出现的问题进行了反复讨论和修订。在这3个规范的修订过程中，项目组其他课题的学者、项目各次评审会议的专家，以及科学出版社的编辑，也都提出了宝贵的建议和意见，借本书出版之际，谨向这些专家、学者、研究生表示衷心感谢。

本书的写作目的是为国内从事相关研究领域的科技人员、教师和学生提供陆地生态系统固碳调查和数据收集方面的技术规范和参考资料。然而，由于编者水平的局限，书中不足之处在所难免，还请广大读者在阅读过程中不吝指正。

王襄平　赵　霞

2022年1月于北京

目　　录

第 1 章　陆地生态系统植被碳储量调查规范……1
引言……1
1.1　适用范围……1
1.2　引用规范文件……1
1.3　主要术语……2
1.3.1　植被类型相关术语……2
1.3.2　二级植被类型相关术语……3
1.3.3　群落调查相关术语……4
1.3.4　生物量和碳储量相关术语……5
1.4　样点布设……5
1.4.1　布设原则……5
1.4.2　样点布设方法……6
1.5　样方选择和设置……7
1.5.1　自然生态系统……7
1.5.2　农田生态系统……12
1.5.3　城市生态系统……12
1.6　样方的群落和生物量调查……14
1.6.1　森林生态系统……14
1.6.2　灌丛生态系统……19
1.6.3　草地生态系统……21
1.6.4　沼泽生态系统……21
1.6.5　农田生态系统……22
1.6.6　城市生态系统……23
1.6.7　木本植物生物量方程测定……24
1.7　实验室测定……27
1.7.1　样品的野外初步处理……27
1.7.2　样品的制备……27
1.7.3　样品含碳率测定……28
1.8　植被碳密度计算……28
1.8.1　森林生态系统……29
1.8.2　其他生态系统……32
1.9　区域植被碳库估算……32

1.9.1 森林生态系统……32
1.9.2 灌丛、草地生态系统……33
1.9.3 城市生态系统……35
参考文献……37
附录 1 野外调查和室内测定表格……39
第 2 章 陆地生态系统土壤碳储量调查规范……47
引言……47
2.1 总论……47
2.1.1 适用范围……47
2.1.2 主要术语……47
2.1.3 引用规范文件……48
2.2 样点布设……48
2.2.1 布设原则……48
2.2.2 布设方法……48
2.3 样方设置……49
2.3.1 样方选择原则……49
2.3.2 样方采样设计……49
2.3.3 样方信息和命名……50
2.4 土壤调查与取样……50
2.4.1 取样方法……50
2.4.2 土壤调查……52
2.4.3 特殊问题处理……54
2.5 实验室分析……56
2.5.1 样品制备和保存……56
2.5.2 土壤水分含量测定……56
2.5.3 土壤 pH 测定……57
2.5.4 土壤容重、砾石含量测定……57
2.5.5 土壤碳含量测定……57
2.6 数据质量控制……59
2.6.1 采样误差……59
2.6.2 分析误差……59
2.7 样地尺度土壤有机碳密度计算……60
2.7.1 自然生态系统……60
2.7.2 农田生态系统……60
2.7.3 城市生态系统……61
2.8 区域尺度碳储量计算……61
参考文献……63
附录 2 土壤野外调查和室内测定表格……65

第 3 章　陆地生态系统碳收支文献数据收集规范 ······ 67
引言 ······ 67
3.1　适用范围 ······ 68
3.2　主要术语 ······ 68
3.2.1　植被类型相关术语 ······ 68
3.2.2　二级植被类型相关术语 ······ 69
3.2.3　群落特征常用概念 ······ 70
3.2.4　土壤特征常用概念 ······ 71
3.2.5　生物量和碳储量相关术语 ······ 72
3.2.6　生态系统碳通量相关术语 ······ 72
3.3　陆地生态系统碳收支主要测定、计算方法 ······ 74
3.3.1　生物量测定 ······ 74
3.3.2　植被净初级生产力测定 ······ 79
3.3.3　呼吸测定 ······ 85
3.3.4　生态系统碳收支测定 ······ 89
3.3.5　凋落物分解测定 ······ 90
3.3.6　叶面积指数测定 ······ 90
3.4　文献数据收集表及填写说明 ······ 91
3.4.1　填写流程和常见情况的处理 ······ 91
3.4.2　数据基本情况 ······ 94
3.4.3　样地地理、环境属性 ······ 95
3.4.4　群落属性 ······ 96
3.4.5　碳循环属性 ······ 97
3.4.6　其他事宜 ······ 102
参考文献 ······ 103
附录 3　陆地生态系统碳收支文献数据收集附表及说明 ······ 107
附录 3-1　“植物功能性状数据收集表”及其说明 ······ 107
附录 3-2　“乔木、灌木生物量方程收集表”及其说明 ······ 109
附录 3-3　“农田生态系统文献数据收集表”及其说明 ······ 112
附录 3-4　“沼泽湿地生态系统碳收支数据收集表”及其说明 ······ 115
彩图

第 1 章　陆地生态系统植被碳储量调查规范

引　　言

陆地生态系统是重要的碳汇，每年吸收的 CO_2 占全球工业排放 54%～67%（Le Quéré et al.，2009）。联合国政府间气候变化专门委员会（IPCC）认为陆地生态系统固碳是目前最经济可行和环境友好的减缓大气 CO_2 浓度升高的途径之一（IPCC，2007）。通过野外调查准确估算植被碳储量是评估陆地生态系统碳汇功能的基础，对于我国履行气候公约以及国际碳贸易谈判有着重要意义。但是，由于过去我国不同生态系统的资源清查是由各行业部门独立进行的，资源清查的主要目的也不是碳储量评估，目前还缺乏一套统一、简明的植被碳储量调查规范。本规范在以往调查规范和研究成果的基础上，通过对不同环节研究方法的梳理、评估而制定，以为我国不同陆地生态系统的生物量调查和估算提供一套相对规范化的方法和操作指南。

1.1　适 用 范 围

本规范适用于我国主要陆地生态系统（森林、灌丛、草地、荒漠、沼泽、农田和城市）的植被碳储量调查，规范的细则主要针对植被碳储量的野外调查，包括样点布设、样地选择和设置、样方调查、样品采集保存和实验室分析，以及数据分析汇总等。

1.2　引用规范文件

中华人民共和国国家林业局. 2011. 林业行业标准，森林生态系统长期定位观测方法（LY/T 1952—2011）.

中华人民共和国环境保护部. 国家环境保护标准，生物多样性观测技术导则 水生维管植物（HJ 710.12—2016）.

中华人民共和国农林部. 1977. 部标准，立木材积表（LY 208—1977，后调整为 LY/T 1353—1999）.

中华人民共和国农业部. 1988. 国家标准，土壤有机质测定法（GB 9834—1988）.

方精云, 王襄平, 沈泽昊, 等. 2009. 植物群落清查的主要内容、方法和技术规范. 生物多样性, 17(6): 533-548.

生态系统固碳项目技术规范编写组. 2015. 生态系统固碳观测与调查技术规范. 北京: 科学出版社.

中国植被编辑委员会. 1980. 中国植被. 北京: 科学出版社.

中国科学院中国植被图编委会. 2007. 中华人民共和国植被图（1∶100 万）. 北京: 地质

出版社.
Hoover C M. 2008. Field measurements for forest carbon monitoring. Berlin: Springer.

1.3 主 要 术 语

1.3.1 植被类型相关术语

本规范涉及如下几种陆地生态系统的生物量野外调查：森林、灌丛、草地、荒漠、沼泽、农田和城市植被。各植被类型定义如下。

森林：森林的定义有多种，这里参考联合国粮食及农业组织、联合国政府间气候变化专门委员会，以及宋永昌（2001）、生态系统固碳项目技术规范编写组（2015）等的定义。本规范中森林是指面积大于 0.05 hm^2，冠层郁闭度大于 20%，成熟时树高大于 5 m 的以乔木种为主体构成的植物群落。冠层高未达 5 m、郁闭度未达 20%的天然、人工幼林也属森林。

灌丛：指主要由丛生木本高芽位植物（灌木）为优势种、群落高度一般在 5 m 以下、盖度为 30%～40%的植被类型。灌丛与森林的区别不仅在于群落高度不同，更主要的是灌丛建群种多为丛生的灌木生活型，不包含幼树占优势的幼年林。它与灌木荒漠的区别在于灌丛多少具有一个较为郁闭的植被层，裸露地面不到 50%，不像荒漠那样植被稀疏、以裸露的基质为主。此外，灌丛是偏中生性的，而荒漠则是极度旱生的（宋永昌，2001；中国科学院中国植被图编委会，2007；谢宗强等，2015）。

草地：指禾草、禾草型的草本植物和其他草本植物占优势，而木本植物较少（盖度不超过 30%）的植被类型。可分为旱生和中生草本植被；前者包括草原、稀树草原，后者可分为草甸和（灌）草丛（宋永昌，2001）。

荒漠：此处的荒漠植被，指荒漠及其他稀疏植被，包括所有植物覆盖稀疏或十分低矮、紧贴地面生长的植被类型，它们多是在极端严酷（干旱、寒冷或酷热，以及土壤贫瘠）条件下出现的植物群落。荒漠植被往往比较稀疏、以裸露的基质为主，裸露地面大于 50%。按其生境条件可分为干旱荒漠、冻原和高山垫状植被、流石滩稀疏植被（宋永昌，2001）。

由于在生物量调查方法上与灌丛接近，在下文中，荒漠调查归入灌丛统一叙述。

沼泽：沼泽是湿地的一种重要类型，由于土壤过湿或地表季节性积水使沼泽植物发育繁衍而形成了以沼生植物占优势的植被类型。沼泽是以湿生植物为建群种的植物群落。在沼泽植物的整个生长期间或大部分生长期间，其所生长的土壤处于水分饱和状态，并往往有季节性地表积水。我国的沼泽绝大多数都是受到地下水的影响，并不反映大气降水规律，所以被认为是“非地带性”或“隐域性”的植被类型，散布在各个植被带内（中国科学院中国植被图编委会，2007）。

由于在生物量调查方法上与草地相对接近，在下文中，沼泽只叙述以浮水或沉水植物为优势种的群落类型的调查，其他类型沼泽的调查归入草地统一叙述。

农田：这里的农田植被，定义为只包括栽培植被中以农业生产为目的的草本、灌木栽培植被（宋永昌，2001）。乔木栽培植被（粮果林、经济林等）归入森林，城市中不以农业生产为目的的草本、灌木栽培植被则归入城市生态系统。

栽培植被，指采取了改造植物本身和改善生态环境的一系列措施（如育种、选种、耕翻土地、播种、灌溉、除草、施肥、防治病虫害、埋土越冬、覆盖防寒）后，人工栽培所形成的植物群落（中国科学院中国植被图编委会，2007）。

城市植被：包括盖在城市地表上的所有的自然种类和人工栽培植物种类构成的植被。

1.3.2　二级植被类型相关术语

这里参考中国 1∶100 万植被图的"植被型组"进行划分（中国科学院中国植被图编委会，2007）。植被型组为 1∶100 万植被图植被分类系统的最高分类单位。凡建群种生活型相近，且群落的形态外貌相似的植物群落联合为植被型组。全国共划分为 12 个植被型组（1. 针叶林；2. 针阔叶混交林；3. 阔叶林；4. 灌丛；5. 荒漠；6. 草原；7. 草丛；8. 草甸；9. 沼泽；10. 高山植被；11. 农田；12. 城市植被）。

下面是对各植被型组的简要描述（中国科学院中国植被图编委会，2007）。

针叶林：指以针叶树种（松科、杉科、柏科的植物）为建群种所组成的各种森林植被的总称。

针阔叶混交林：指以针叶、阔叶树混交的群落。

阔叶林：指以阔叶树种为建群种的群落。

灌丛：见 1.3.1 节。

荒漠：（注意这里的定义与 1.3.1 节不同，不包含高山植被）荒漠植被是地球上旱生性最强的一类植物群落。它是由强旱生的半乔木、半灌木和灌木或者肉质植物占优势的群落组成，分布在极端干燥地区，具有明显的地带性特征。

草原：宏观上草原植被区域在地球表面处于湿润的森林区域和干旱的荒漠区域之间，占据着由半湿润到干旱气候梯度之间的特定空间位置。根据地理分布和区系组成，我国草原植被通常被划分为两大类：温带草原和高寒草原。

草丛（灌草丛）：指以中生和旱中生多年生草本为主要建群种的植被群落，多数情况下，群落中散生着稀疏的矮小灌木。这是一种群落较为特殊的植被类型，由于它的建群种并不完全是中生性的，而且往往有灌木种类伴生，所以它不属于草甸。又因其建群种不是典型的旱生植物，因此不能称为草原。至于它和灌丛的区别，则是由于草丛中灌木种类分布稀疏而不形成背景，同时在群落中也起不到制约环境的作用。因此在植被分类系统中将它作为一种特殊的类型，与森林、灌丛、草原、草甸等并列。多数情况下，草丛是由森林、灌丛等群落经破坏后形成的次生植被，是一种植被的逆行演替现象。

草甸：指以适应低温或温凉气候的多年生中生草本植物为优势种的植被类型。这里所说的中生植物，既包括典型中生植物，也包括旱中生植物、湿中生植物以及适盐耐盐的盐中生植物。由这些植物为建群种而形成的植物群落称为草甸，它广泛分布于温带的低平潮湿地段。草甸的形成和分布与中、低温度和适中的水分条件紧密相关，一般不呈地带性分布。在我国主要分布于秦岭—淮河一线以北的温带森林区、半干旱草原区和干旱荒漠区，以及青藏高原地区，此外在亚热带的山地上部和湖滨湿地也有少量分布。

沼泽：见 1.3.1 节。

高山植被：一般指森林线或灌丛带以上到常年积雪带下限之间的、由适冰雪与耐寒的植物成分组成的群落所构成的植被。它包括高山苔原、高山垫状植被和高山稀疏植被等类型。

农田、城市植被：见 1.3.1 节。

1.3.3 群落调查相关术语

样地（site）：指群落调查的所在地，在空间上它包含样方，一般没有特定的面积。

样方（plot）：指群落调查所要实施的特定地段，有特定的面积，如森林调查的样方面积一般为 600 m^2 或 1000 m^2（方精云等，2009）。

样格（module）：森林样方一般为长方形，由几个 10 m×10 m 的样格组成（见后文图 1-1）。划分为样格既可以避免在调查中遗漏个体，也可增加样方设置（如 1.5.1.2 节）、数据分析等环节的灵活性。后文把这种对样方进行划分的单元称为样格。

优势种：在植物群落中各个层或层片中数量最多、盖度最大、群落学作用最明显的种。其中，主要层片（建群层片）的优势种称为建群种。

多度：是对样方中物种个体数量的一种目测估计指标，主要用于快速获得数据的野外调查，常采用德氏（Drude）多度的七级制进行分级（见附表 1-4《草本层调查表》的表注），常用于草本层的描述。

个体密度：指样方中单位面积的植物个体数量。每种植物各自的个体数量，称种群密度。所有物种的种群密度之和即是群落的个体密度。

盖度：指植物地上部分垂直投影面积占样地面积的百分比，又称投影盖度。群落调查时，可以记载每个优势种的盖度（称种盖度或分盖度）；任何单个物种的盖度都不会超过 100%，但所有种的盖度之和可能超过 100%。

冠幅：指单个植株冠层的垂直投影面积。群落调查中一般测量植株冠层最长方向和最短方向的长度（即冠幅），然后假设树冠为椭圆形计算。

基径：指植株基部直径（以 D_0 表示），以厘米或毫米为单位。

株高：指植株基部至顶部的长度（以 H 表示），以米为单位，精确度为 0.1 m。小灌木、草本一般调查时以厘米为单位，精确度为 0.1 cm。

以下术语用于森林群落。

郁闭度：也称林冠层盖度，以林冠层在地面的垂直投影面积与林地面积之比来表示，林业上一般以郁闭度最大值为 1 进行记录。一般来说郁闭度≥0.70 的为密林，0.20～0.69 为中度郁闭，<0.20 为疏林。

胸径：指胸高（我国规定为离地面 1.3 m）处木本植物主干直径（以 D 表示），以厘米为单位，精确度为 0.01 cm。胸径是森林群落调查中最重要、也最易测定的指标，群落分析中常常使用的胸高断面积（basal area）和生物量的计算都需要胸径数据。

林分：是对单个森林片段的一种称谓。指林分内的林木起源、林相、树种组成、年龄、地位级疏密度、林型等内部特征相同，但与相邻群落有所区别。

天然林：又称自然林，包括自然形成与人工促进天然更新或萌生所形成的森林，分原始林和次生林两种。原始林是指自然发生并未经人工培育或人为干扰的森林；次生林是指受自然或人为因素的严重干扰破坏后自然演替形成的森林。

人工林：指用人工种植的方法营造和培育而成的森林。

1.3.4　生物量和碳储量相关术语

植被生物量：指某一特定时刻单位空间的有机物质（包括地上和地下，一般不包括死生物量）干物质量；可用于指某个种群、某类群生物或整个生物群落的生物现存量。由于群落中活生物量和死生物量调查一般同时进行，本规范中，植被生物量指群落中各层次的生物量之和，包括乔木、灌木、草本层的活生物量，以及枯立木、倒木和粗木质残体、地表枯落物的死生物量，即包括生态系统中除土壤之外的各碳储量组分。

植被碳储量：群落中上述各组分的生物量乘以其含碳率（没有测定时，活生物量部分含碳率常用 0.5）即可得植被碳储量。

蓄积量：指林分中所有树木的材积之和。根据胸径、树高查相应树木种类的一、二元立木材积表（或用二元材积公式计算），把样地内的所有单株蓄积加起来，就是一个样地的蓄积量。蓄积量与林分生物量有密切关系，是估算森林生物量的一种重要方法（Fang et al.，2001）。

生态系统碳储量：它是生态系统长期积累碳蓄积的结果，是生态系统现存的植被生物量有机碳、凋落物和土壤有机碳的现存碳储量的总和。对于森林生态系统，植被碳库又包括乔木层、灌木层、草本层的地上、地下生物量碳，凋落物碳库则包括枯立木、倒木和粗木质残体、地表枯落物。其他生态系统与森林生态系统类似，但缺乏部分群落层次（如乔木层）或组分。

碳密度：指单位土地面积的碳储量。一般将单位土地面积的生态系统、植被和土壤碳储量分别定义为生态系统碳密度、植被碳密度和土壤碳密度。

1.4　样 点 布 设

1.4.1　布设原则

对样点的布局进行合理设计，是准确估算陆地生态系统植被碳储量的基础。一般而言，为了使样点具有较好的代表性，需遵循全面性、代表性、典型性和可操作性的原则。

全面性，指样点在空间上涵盖整个研究区，布局均衡，能够反映研究区植被和环境的全貌。

代表性，指样点应包含研究区有代表性的植物群落类型，除了各种（纬度、垂直）地带性的群落类型外，还应包括不同生境或干扰所形成的主要群落类型。

典型性，指布点时应覆盖研究区内的典型植被类型，对于有特殊生态、经济或科学价值的群落类型，如特有、稀有、濒危的植物群落也要重点调查，其中部分典型群落需进行群落复查甚至长期监测。

可操作性，指调查工作量的设定要充分考虑安全性、经费、人员配备、技术支持及后勤等因素，确保样点布设方案及野外调查工作能够顺利实施。

1.4.2 样点布设方法

具体的样点布设方案需根据调查的目的，调查区域的气候、自然地理和植被类型空间分布的实际情况而定。一般采用分层随机抽样的方法来布设样点。样点布设的一般步骤包括以下两点。

1）区域划分

根据气候条件基本一致、地域相邻、植被类型相似、植物种类分布趋同的原则，进行调查区域划分。如可将我国森林生态系统分为寒温带、温带针叶林与针阔叶混交林区，暖温带落叶阔叶林区，亚热带常绿阔叶林区，热带季雨林、雨林区，中西部温带植被区和青藏高原高寒植被区等不同区域（生态系统固碳项目技术规范编写组，2015）。

2）样点布设

样点布设可采取网格布点，或根据植被分布实际情况布点的方法。

其中网格布点法一般在大尺度上采用，即采用统一的经纬网格对研究区的植物群落进行系统布点，这样可以达到全面调查研究区植物群落及其生境的目的。经纬网格的精度可根据任务要求、群落类型的复杂程度，以及研究区的面积大小作相应要求，如0.1°×0.1°、0.2°×0.2°、0.5°×0.5°等。每个网格内可采取机械布点法，如每个网格的样地可统一设置在网格的四角或中央，每个样地设置3～5个重复样方（方精云等，2009）。也可根据网格内植被分布实际情况确定样点的数量和位置。如森林的调查中，不同网格样点数量的分配，不仅需要考虑到各片区的森林类型的分布面积、蓄积构成、地域等因素，还需考虑森林起源、林龄等因素，合理进行样点的布局设计（生态系统固碳项目技术规范编写组，2015）。

不采用网格布点法时，则需根据植被分布的情况对样点布设方案进行充分的规划和论证。一般需在文献调研的基础上，根据植被图、森林分布图等植被图件，以及全国和（或）地方性的植被志、科考报告、论文和历史样方等资料，确定样地布设的大致方位，确保研究区中每一种主要自然群落类型都能得到调查。在海拔梯度较大的山地，还需要按海拔和植被类型设置样地。也就是说，样地的多少取决于植物群落类型的数量（方精云等，2009；王国宏等，2020）。

1.5　样方选择和设置

1.5.1　自然生态系统

1.5.1.1　样方选择

根据样点布设方案确定的样点方位，利用全球定位系统（GPS）等工具找到相应地点。通过踏查，掌握调查地点群落的特点，选出合适位置的具有代表性的群落设置样方。每个地点设置若干个样方作为重复，重复样方之间的距离须大于缓冲区宽度。森林一般设置 3～5 个重复样方，其他样方较小的生态系统可多设置些。选择样方的原则有以下几点。

（1）群落内部的物种组成、群落结构和生境相对均匀，不能跨不同群落、生境设置样方。

（2）群落面积足够，使得样方四周有足够宽度的缓冲区。对于森林群落，缓冲区宽度应在 1 个树高以上（>10 m），其他生态系统缓冲区宽度一般在 10 m 以上。

（3）除依赖于特定生境的群落外，森林、灌丛、草地样方一般选择平（台）地或相对均一的坡面，避免坡顶、沟谷、道路、溪（河）流或复杂地形。

1.5.1.2　样方设置

1）森林生态系统

（1）样方大小和形状：森林调查样方的大小一般为 600 m^2 或 1000 m^2（投影面积），考虑到我国南方森林所需取样面积较大，为便于后期分析时不同地区数据的比较，推荐统一采用 1000 m^2。在地形复杂或群落结构很简单时，样方面积可稍小，但不低于 600 m^2（方精云等，2009）。经济林、竹林等可根据具体情况，选择合适的样方面积。

需要复查的固定样地面积统一采用 1000 m^2。

样方一般为 20 m×30 m 或 20 m×50 m 的长方形，由几个 10 m×10 m 的样格组成，样方四周需设置 10～20 m 缓冲区（图 1-1）。如果群落或地形等方面的实际情况不允许，也可设置为其他形状，但必须由 6（或 10）个 10 m×10 m 相邻接的小样方组成。

（2）样方设置方法：

①工具：罗盘仪、标杆、皮尺、手持罗盘、塑料绳、相机、记录表格等；对于复查样地，还需要 PVC 管或水泥（木）桩、钉子、锤子、树牌。

②设置步骤：以样方西南角（位于平地的样地）或左下角（位于坡面的样地）为起点，采用罗盘仪、标杆、皮尺等工具确定样方的外围四边，闭合误差应在 0.5 m 以内。用塑料绳将森林样方划分为若干个 10 m×10 m 的样格，并按图 1-1 方式进行样格编号。在样方中选择 2 个对角上的 10 m×10 m 样格作为灌木层调查小样方，草本层调查可在样方中均匀布设 5 个 1 m×1 m 草本小样方（图 1-1），也可在样方四角和中心梅花点设置小样方。

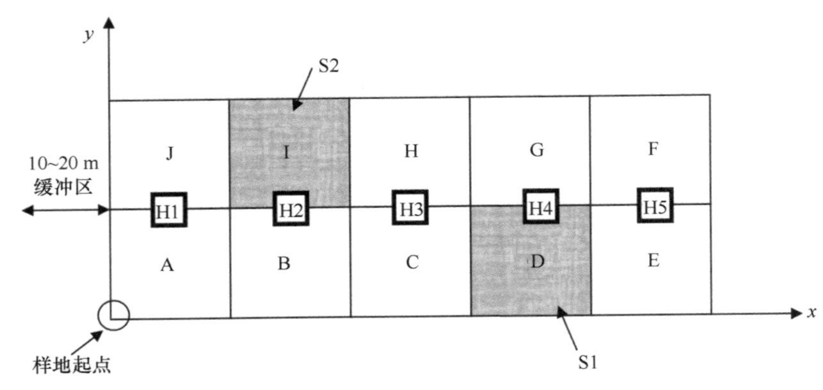

图 1-1 森林样方中 10 m×10 m 样格编号方法

此图以 1000 m² 样方为例。A～J 分别代表所划分的 10 个样格编号。其中 D、I 样格为灌木层调查样格（记作 S1、S2）。H1～H5 为 1 m×1 m 草本调查小样方

③样方面积校正：如果样方位于坡面上，应对样方边长进行校正以获得准确的投影面积：

$$W_S = W / \cos\alpha \tag{1-1}$$

式中，W_S 为样方在坡面上的实际边长，W 为投影边长（如 20 m），α 为平均坡度。

④复查样方：应以 PVC 管或水泥桩、木桩（硬木材质）标记每个样格四角的位置，PVC 管或木桩的地上部分留 30 cm 左右，木桩喷涂红色油漆以方便复查时寻找。

（3）样方基本信息记载：样方设置完成后，首先需记录样地基本信息，调查内容见《植物群落样方基本信息表》（附表 1-1）。该表格适用于除农田外的生态系统，表格的上半部分为各生态系统通用的信息，下半部分包括一些森林特有信息，非森林群落可删除没有的项目，并增加一些项目以适应自身需要。

为避免遗漏重要的群落信息，要求该表格中各项内容都必须填写。为方便填写，以及考虑到填写信息的规范性，不少变量都设置了主要选项，只需勾选即可。

①样方编号：常用的编号规则为“地区和地点缩写+群落类型缩写+样方序号”，如在四川省米亚罗的云杉林所建立的第 3 个样方编号为“SC-MYL-YSL-03”。实际编号规则可根据各区域、项目、植被的实际情况确定。

②群落类型：一般按“地被层+灌木层+乔木层优势种”命名，如泥炭藓-杜香-兴安落叶松林。至少要记载冠层的优势种（不止一个优势种的，也列出），如紫椴红松林、荆条-酸枣灌丛等。

③样方面积：本规范中森林样方为 600 m² 或 1000 m²，灌丛、草地样方均为 100 m²。

④调查地点：样方所在位置，如县乡村或林业局、林场、小班，并记录具体位置以便复查。

⑤植被型组：在如下类别中选一填入。1. 针叶林；2. 针阔叶混交林；3. 阔叶林；4. 灌丛；5. 荒漠；6. 草原；7. 草丛；8. 草甸；9. 沼泽；10. 高山植被；11. 城市植被；其定义见 1.3.2 节（农田调查项目较为特殊，需填写附表 1-10《农田生态系统作物生物量野外调查记录表》）。

其中，针叶林、阔叶林、针阔叶混交林的判断标准为：如针（阔）叶树蓄积比例>70%，

则为针（阔）叶林，否则为混交林。

⑥经纬度：在获取经纬度时，GPS 至少需搜索到 3 颗以上卫星并等待读数稳定。样方经纬度野外记载采用度分秒格式。

⑦海拔：用海拔表确定样方所在地的海拔（在每个地点、不同天气条件下需重新校准）。在山区由于手持 GPS 设备所测海拔的误差较大，仅记录做参考。

⑧坡度：指样方的平均坡度。可用坡度测量仪或罗盘仪结合标杆进行测定。

⑨坡向：以例如 S30°E（南偏东 30°）的格式记录。

⑩地形地貌：在“山地、洼地、丘陵、平原、高原”中选一。

⑪坡位：在“谷地、平地、下坡、中坡、上坡、山顶”中选一。

⑫起源：在“原生、次生、人工”中选一。

⑬干扰程度：在“无干扰、轻微干扰、中度干扰、重度干扰”中选一。

⑭演替阶段：在“早期、中期、晚期”中选一。

⑮水分状况：在“干燥、中生、湿润、淹水”中选一，可用手捏土壤判断。

⑯土壤类型：如暗棕壤、黄棕壤等。土壤类型是非常重要的信息，必须记录。

⑰土壤质地：在“砂土、砂壤、壤土、黏土”中选一。

⑱林龄：选择样方中胸径最大的树 10 棵左右（不少于 5 棵），采用生长锥钻取树干基部树芯测出树龄，取这些树龄平均值为林龄。人工林最好根据造林时间确定林龄。无相关信息的，野外记录估计值，等年轮测定结果出来后再补充准确林龄。

⑲季相：在“常绿、落叶、混交”中选一。判断方法同针/阔叶林。

⑳群落垂直结构：记录各层优势种。需要记录各垂直层次的优势种，如某层有多个优势种，要同时记录。

㉑各层高度：各垂直层次的目测高度。

㉒各层盖度：各层的盖度，用百分比表示。乔木层盖度（郁闭度）必须记录，郁闭度可采用百步抬头法测定。

㉓调查人及日期：需记录以备查用。调查人需负责检查确认本表格各项都已填写、无遗漏。

㉔群落剖面或样方位置图：群落剖面图对了解群落的结构、种间关系、地形等非常重要（示例见图 1-2）。对于复查样地，需绘制样方位置图，反映样方与附近公路、小路、河流等的关系，并对距离、特征点等做文字记录，以方便复查时找到样方。

（4）群落照片：除样方基本信息表所记载项目外，还需对群落进行拍照，包括群落外貌、群落垂直结构、乔木层、灌木层、草本层、土壤剖面和优势种等。

2）灌丛、草地生态系统

由于生物量调查方法相似，这里的灌丛调查方法适用于荒漠，草地调查方法适用于沼泽（但不包括以浮水或沉水植物为优势种的类型），以下同。

（1）样方大小和设置：样方地点的选择原则参考森林群落调查。样方面积一般为 100 m^2，周围应留有 10 m 以上缓冲区，在样方四角和中心各设置 1 m×1 m 的草本调查小样方各 1 个（图 1-3）。对于复查样地，同样需要以硬材质木桩或 PVC 管标记样方的四角。

图 1-2　植物群落剖面示意图（林鹏，1990）

以调查地点福建武夷山三港二里坪为例，海拔 770 m。物种序号：1. 甜槠；2. 青冈；3. 东南石栎；4. 光叶石楠；5. 南岭山矾；6. 鹿角杜鹃；7. 马银花；8. 粗叶木；9. 肿节竹；10. 细齿叶柃；11. 中华里白

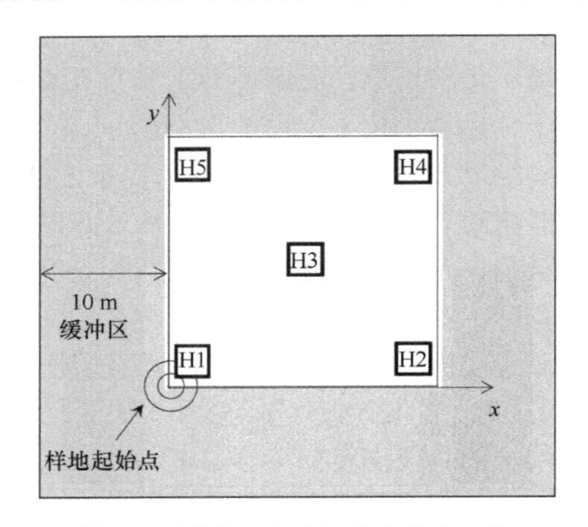

图 1-3　灌丛（草地）样方设置方法

样方面积 10 m×10 m，其中 H1~H5 为详细调查小样方。样方四边应各留有 10 m 的缓冲区。对于灌丛，需要调查整个样方（10 m×10 m）；对于草地，一般只调查 5 个小样方

灌丛、草地的样方设置也可采用其他的布局方法，这里只介绍了最常用的方法（方精云等，2009），其他布局方法可参考相关规范（如生态系统固碳项目技术规范编写组，2015）。

（2）样方基本信息记载：《植物群落样方基本信息表》（附表 1-1）主要提供了不同自然生态系统通用的基本样方信息，填写注意事项参考森林生态系统。灌木、草地等群落调查中可自行增加特有的项目，可参考专为各生态系统制定的详细规范。

3）沼泽生态系统（以浮水或沉水植物为优势种）

（1）样方大小和设置：

①浮水植物群落：根据浮水植物群落的不同类型、水体环境特点以及人为干扰程度等，将湖泊、河流、水库等大型水体划分为入口区、深水区（或湖心区）、出口区，亚沿岸带、沿岸带，或者污染区和相对清洁区等不同区域，在这些区域内分别设置若干具有代表性的横断面。横断面的设置根据调查的详细程度、优势种的多少、水流的速度和

水体的质量情况而定。横断面之间的间隔一般不小于 250 m，可根据实际情况做一定调整。在每个横断面上设置样线，在每条样线上每隔一定距离（根据野外实际情况而定）设置样方，或从水体的岸边向水体中央等距离布设样方，直至一定深度的水体为止（图 1-4a）。对于水流缓慢甚至静止、水深较浅的池塘或河汊等，可在每条样线上均布设样方（图 1-4b）。样方的面积为 1 m×1 m。

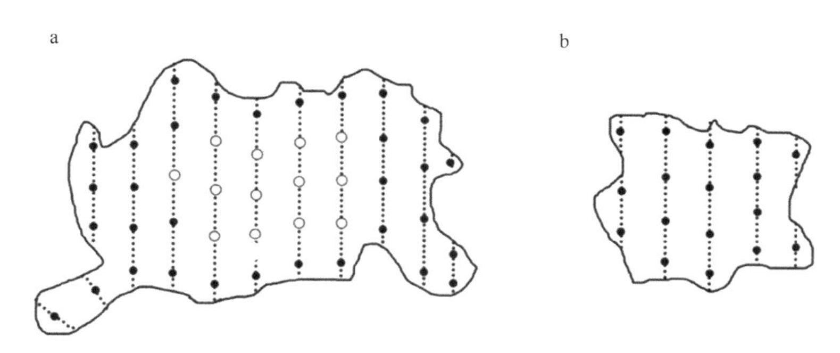

图 1-4 浮水植物群落调查样线与样点布设示意图

虚线为调查样线，圆点为调查样点；实心圆点表示浮水植物分布较为集中的浅水区域，空心圆点表示浮水植物分布较少的深水区域。a 表示湖泊或河流等大型水体；b 表示池塘或沟渠等小型水体

②沉水植物群落：根据沉水植物群落的不同类型、水体环境特点以及人为干扰程度等，将湖泊、河流、水库等大型水体划分为入口区、深水区（或湖心区）、出口区，亚沿岸带、沿岸带，或者污染区和相对清洁区等不同的区域，在这些区域内分别设置若干具有代表性的横断面。横断面的设置根据调查的详细程度、水生植物优势种的多少、水流的速度和水体的透明度而定。横断面之间的间隔一般不小于 250 m，可根据实际情况做一定调整。在每个横断面上设置样线，在每个样线上每隔一定的距离设置样方，或从水体的岸边向水体中央等距离布设样方，直至一定深度的水体为止（图 1-5）。对于水流缓慢甚至静止，或水深较浅的池塘或河汊等，可在每条样线上均布设样方。将每个样方（通常面积为 2 m×2 m，也可根据沉水植物群落的实际情况适当调整）平均划分为 4 个小样方，每个小样方的面积为 1 m×1 m。

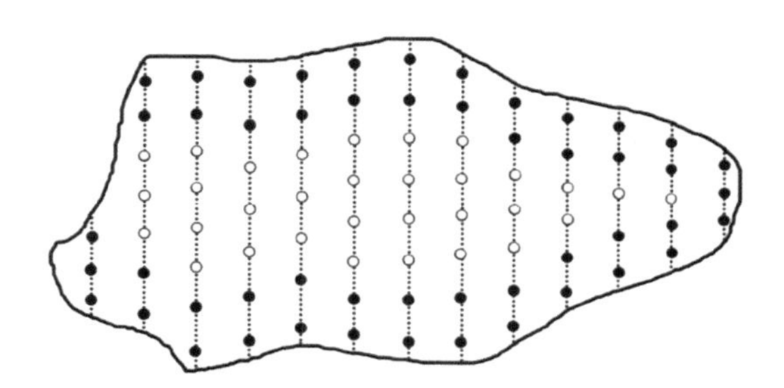

图 1-5 沉水植物群落调查样线与样方布设示意图

虚线为调查样线，圆点为样方；实心圆点表示沉水植物分布较为集中的浅水区域，空心圆点表示沉水植物分布较少的深水区域

（2）样方基本信息记载：样方基本信息表参照《植物群落样方基本信息表》（附表 1-1），可根据实际情况自行增减项目。

1.5.2 农田生态系统

农田生态系统在进行生物量调查时，选择田块的作物应为当地种植的、推广时间较长和种植面积较广的主流品种，田块面积一般不小于 1000 m^2。每个田块设 3 个代表性样方作为重复。或在小区域范围内选择 3 个田块，每个田块设一个样方，各田块种植的作物品种必须一样。

选择样方时应远离树木、田间肥堆坑和建筑物，离路边、田埂、沟边等至少 2 m，垄作作物需取在一条垄上，样方的边缘避开植株播种位点。

每个田间样方，作物地上部分植株采集的样方为 1 m^2，地下部分 0.25 m^2 的样方应布置在地上 1 m^2 的样方内（图 1-6）。像水稻和小麦这样的种植间距比较小且分布比较均匀的作物，选取田块中间 1 m×1 m 代表性样方，然后采集作物地上部分样品。像玉米、棉花、油菜和大豆等起垄种植作物，野外确定样方时，面积不小于 1 m^2，根据实际情况，测定的区域应该是一个长方形。

具体步骤为先测量作物的行间距（为长方形的宽），然后根据行间距计算确定行方向的长度（长方形的长）。测量长度应以平行方向上两株植物距离的中心点作为起点，

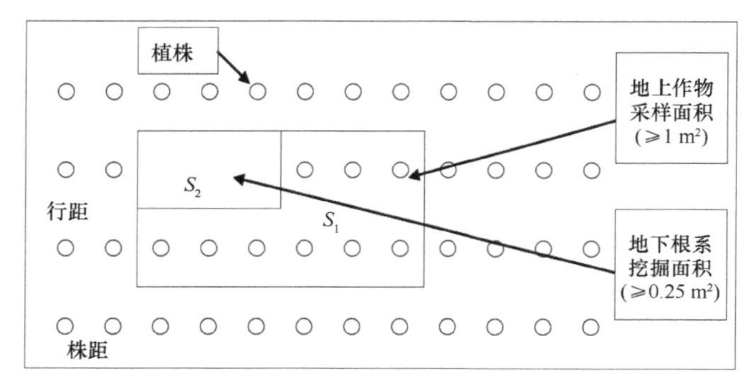

图 1-6 起垄种植作物地上、地下生物量采集样方设置示意图
（生态系统固碳项目技术规范编写组，2015）

然后计算长度，以确定长度测量的终点，终点也必须是两株植物距离的中心点。样方的面积规定不小于 1 m^2。

样方设置好后，填写《农田生态系统作物生物量野外调查记录表》（附表 1-10）中相关信息。

1.5.3 城市生态系统

1.5.3.1 样点布设

城市是自发的组织现象，其形成基于人类的集聚活动，因此城市生态系统植被的空间分布特征受到人为活动的影响，除自然地理因素，城市规划、城市基础设施建设、城市间的社会经济互动等因素共同影响了城市生态系统植被的空间分布特征。与自然生态系统的植被调查不同，城市生态系统植被生物量调查中样点的布设应充分考虑城市生态

系统空间异质性极大的景观结构特征。

城市生态系统植被组成复杂，区域内可包含多种森林类型或同时包含森林、草地和农田。因此，调查样点的布设应针对区域内不同植被覆被类型采用分层取样、随机取样、（依据）环境因子取样、样条取样等方法（Nowak et al.，2003；Liu and Li，2012）。

1）分层取样

当城市生态系统的森林类型较多且空间呈分散分布，这时可根据森林类型（如刺槐林、油松林）或其他类型（如阔叶林、针叶林、针阔叶混交林）划分方法，将总体划分为确定的层，然后从每一层中随机抽取若干个样点，得到所需要的样本（图 1-7）。

2）随机取样

随机取样适用于对样点的空间分布无要求的区域，样点个数的确定由如下公式计算得到：

$$n=\frac{A}{a}\times N\times m \tag{1-2}$$

式中，n 为样点个数，A 为城市区域总面积，a 为样方大小，N 为总体的个数，m 为取样面积百分比（%）。

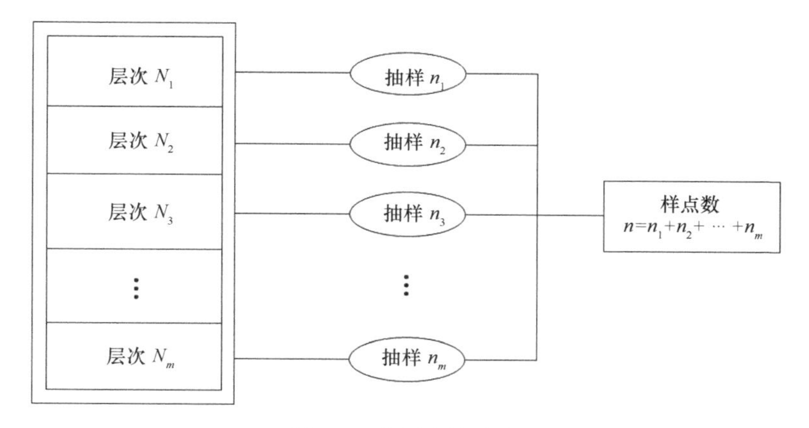

图 1-7　分层取样流程

在 ArcGIS 10.5 软件中，在城市区域的行政边界内，使用生成随机点（create random points）工具生成采样点，导出采样点位置信息。

3）依据环境因子取样

适用于环境因子（如海拔、坡度、坡向等）变化较大，需要考虑环境因子对植被生物量影响的区域（在城市区域使用较少）。同样在 ArcGIS 10.5 软件中依据某一环境因子设置环境梯度，沿环境梯度分层，再在每层中随机抽取若干个样点，得到所需样本。

4）样条取样

行道树是城市区域植被生物量估算中不容忽视的调查对象，行道树的调查需采样样条取样。根据道路长度和采样间隔得到样点个数和样点位置，注意需对道路两侧树木同时采样。

1.5.3.2 样方设置

由于生物量调查方法相似，样方设置的原则参考森林群落调查，但需注意城市生态系统样方设置的不同。

（1）样方大小和设置：由于城市植被群落结构紧凑，植被组成的空间异质性较高，样方面积较小，一般可为 400 m^2（20 m×20 m），并可根据城市景观的实际结构和调查目的进行调整。应用高分辨率遥感影像进行样点选择时，可设置为遥感数据空间分辨率的整数倍，以利于后续空间分析。

（2）由于样方面积较小，空间异质性较大，样方内部可不划分样格，并需要对整个样方内乔、灌、草等各层进行调查和记录。

（3）样方布置工具与森林群落调查相同，但需使用误差较小的 GPS 进行定位，如 Garmin GPSmap 629sc。

（4）由于城市园林管理，样方通常不允许使用 PVC 管和有色颜料进行标记，复查样方的位置用相机拍照记录。

（5）样方基本信息表参照森林生态系统所用表格（附表 1-1《植物群落样方基本信息表》）。

（6）群落照片：拍摄群落照片时，除了群落外貌、群落垂直结构、乔木层、灌木层、草本层、土壤剖面和优势种等常规群落照片外，在城市生态系统调查时，特别需要对群落所处人工环境进行拍照，如附近有无道路经过，自动浇水装置的位置等。

1.6 样方的群落和生物量调查

1.6.1 森林生态系统

1.6.1.1 乔木层调查

1）工具

胸径尺、测高仪、1.3 m 高的标杆、皮尺。对于复查样地还需要树牌、钉子、锤子。

2）树木编号

起测径阶一般为 3 cm。对样方中所有胸径≥3 cm 的乔木个体进行编号，不同样格树木重新起头编序号，如 A 样格最后一棵树为 A14，B 样格第一棵树的编号为 B01（而非 B15）。为避免漏测或重复测量，统一从每个样格左下角开始，向右方顺序测定。

3）树木挂牌

对于复查样地，每株大于 3 cm 的树木需钉上树牌。树牌编号一般由“样方编号+样格号+树木序号”组成（如 MYL04-A01，表示米亚罗 4 号样方中 A 样格的第 1 棵树）。

这样方便在复查时根据树号判断样格边界，在样地桩丢失时可有效减少复查时错测率，也便于复查时新进阶树木编号。第一次调查时，可先在电工胶带上用油性记号笔写上树牌编号，用钉树器钉在 1.2 m 处，以便调查。等铝制树牌根据树号制作完成后再挂上正式树牌。

树牌统一钉在树木坡上方向的 1.2 m 处，后续复查胸径测定均在树牌上方 10 cm 处测定，以避免测定位置不同导致误差。

4）边界木的处理

一些树木长在样地边界上，一般的判断原则是，如果边界木 50%以上的树干位于样地边界内，则作为样地内树木测量，否则不计入样地内。

5）填写调查表

树木编号（挂牌）完成后，对样方中所有的编号树木进行每木调查，调查内容见《乔木层调查表》（附表 1-2），主要有以下几点。

（1）样格号、树号：依据树木编号或树牌填写。

（2）树种：记载树木的中文学名（俗名等可记在备注中）。如遇到不能确定种名的个体，应当采集标本或拍照，并在备注栏中记录标本、照片号，鉴定后及时补填树种名。植物种鉴定常用工具书包括《中国植物志》《中国高等植物图鉴》《中国树木志》，以及各种地方植物志等。

（3）胸径（DBH）：用胸径尺、1.3 m 高的标杆在 1.3 m 处进行测量，填入“当期 DBH”栏。对于处于坡面上、生长不规则的树木，测定胸径时，应按图 1-8 的位置进行。①总是从上坡位方向测定（图 1-8b）。②对于倾斜或倒伏的个体，从下方而不是上方进行测定（图 1-8c）。③如树干表面附有藤蔓、绞杀植物和苔藓等，需去除后再测

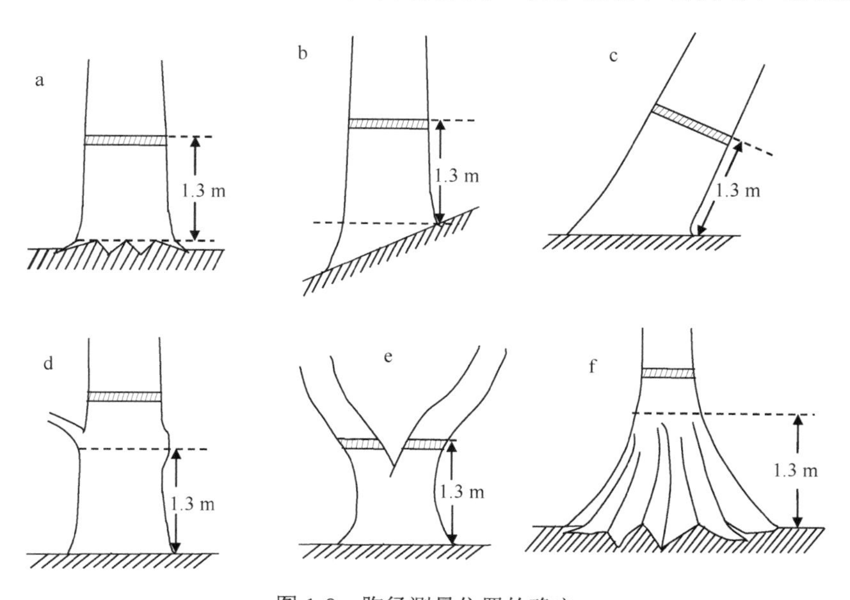

图 1-8　胸径测量位置的确定

定。④如不能直接测量胸径（如存在分叉、粗大节、不规则肿大或萎缩），应在合适位置测量（图 1-8d），测量点要标记，以便复查。⑤胸高以下分枝的两个或两个以上茎干，可看作不同个体，分别进行测量（图 1-8e）。⑥对具板根的树木在板根上方正常处测定（图 1-8f），并记录测量高度；倒伏树干上如有萌发条，只测量距根部 1.3 m 以内的枝条。

（4）树高、活枝下高：可采用角规式、超声波和杆式测高器测量，前两种在测定时需距离被测树木一个树高以上（否则无法准确看清树顶），并须处理好坡度对测定的影响。建议使用超声波、测高仪进行测定，测定精确度高、速度快。该仪器在坡面上测定树高时，可采用 3 点模式测量，即胸径处（把黄色接收器挂在胸径处）、树根、树顶各测一次，可有效排除坡度影响。活枝下高是指树冠下第一主分枝（不含死枝）的高度，测量原理同树高。

在样地树木较多、难以全部测定树高时，每个样地按 5～10 cm 径级、每个径级选择若干个体进行测定，以使建立的树高与胸径之间的关系能够代表群落的整体情况。一般来说，每个样地测定树高应是胸径测量株数的 1/3 以上，最少测定 30 株以上。

（5）冠幅：测量冠幅的树木与测量树高的个体相同，对每个需要测量的个体，沿南北和东西两个方向，用皮尺测量。

（6）树木坐标：整个样地以样格 A 的左下角为原点，见图 1-1。每个样格也以左下角（即朝向样地原点的角）为原点，测量树木在本样格内的坐标，样地长边为 x 轴，短边为 y 轴，用以计算树木距离样地原点（样格 A 左下角）的绝对坐标。

（7）在备注中注明树木健康状况，如折梢、枯顶、倾斜、倒伏、濒死、病虫害等。

（8）大型木质藤本的调查，与每木调查同步进行，也需编号或挂牌，并在备注中注明“藤本”。在树高一栏中填写估计的藤本长度，而不是高度。

（9）枯立木的调查，与每木调查同步进行，也需编号或挂牌。对于树冠大体完整的个体，按活立木方法调查，在备注中记录“枯立木”以及腐烂等级（判断方法见附表 1-9《森林生态系统粗木质残体腐烂等级分类标准》）。对于树干上部已有部分枯损折断的，需测定基径并估计树干顶部直径，记录在备注中。

1.6.1.2 灌木层调查

调查方法参见 1.6.2.1 节的灌丛调查。需注意森林灌木层调查与灌丛的不同之处。

（1）除了灌木种，还需调查 DBH < 3 cm 的更新幼树。

（2）在森林样方对角的两个样格，对灌木层进行详细调查，调查表中记录如图 1-1 中的样格号（如 D、I）。如 10 m×10 m 样格中灌木很多，可划分为 4 个 5 m×5 m 的小样格进行调查，则样格号记录为 D1、D2、D3、D4。

（3）此后，还需在样方中其他 10 m×10 m 样格里进行踏查，搜寻在上两个样格中未出现的灌木种（包括更新幼树），只记录样格号、种名。这一步骤是为了测定整个 600 m^2 或 1000 m^2 样方的物种数，请勿忽略。

（4）森林灌木层生物量，一般采用相关生长法。对于密集生长的灌木层（如竹丛，判断标准可参考 1.6.2 节中的草地型灌丛），因难以逐株测量，可采用收获法测定。两种方法具体见 1.6.2.1 节。

1.6.1.3　草本层调查

调查方法参见 1.6.3 节的草地调查。需注意森林草本层调查的不同之处。

（1）除了草本植物，高度小于 30 cm 的乔木幼苗、小灌木也归入草本层进行调查。

（2）如图 1-1 中的 5 个 1 m×1 m 的小样方进行详细的草本层调查后，还需在每个乔木样格（图 1-1 中的 A～J 样格）中进行踏查，仔细搜寻在 5 个草本小样方内未出现的草本物种，记录样格号、种名。这一步骤同样是为了测定整个 600 m^2 或 1000 m^2 样地的物种数，以和乔木层调查面积保持统一。

1.6.1.4　枯死木调查

枯死木包括枯立木和枯倒木两类，其碳储量可占林分碳储量较大比例（如 Zhu et al., 2010），调查中不可忽略。枯立木调查与活立木测量同时进行，前文已介绍。这里主要介绍枯倒木的调查、腐烂等级鉴定和木材密度测定。

（1）工具：胸径尺、皮尺、砍刀、木锯、游标卡尺、天平、记号笔、调查表格和铅笔。

（2）枯倒木调查：木材直径≥5 cm、长度≥1 m 的倒木与乔木调查同步，在每个 10 m ×10 m 的样格内进行调查；直径＜5 cm 的枯死木归入地表凋落物进行调查。对于每根倒木，测量长度和大头（朝向根部）、小头直径，以计算倒木的体积、最终结合木材密度换算得到生物量。

（3）腐烂等级鉴定：样方中所有枯立木、倒木需测定腐烂等级，一般分为 5 级，判断标准见附表 1-9《森林生态系统粗木质残体腐烂等级分类标准》。另一种简单分级方法分为轻度、中度和重度腐烂 3 级，其简易判断标准为：轻度腐烂—砍刀不会陷入木材中（被弹开）；中度腐烂—砍刀部分会陷入木材中，且已经有部分木材损失；重度腐烂—砍刀陷入木材中，有较严重的木材损失，且木材非常易碎。

（4）木材密度测定：对样地中各树种（组），分枯立木和倒木对其各腐烂等级木材分别取样，一般为从枯木上锯下一个圆木盘（或方块等其他便于计算体积的形状）。用样品袋带回实验室后，用游标卡尺测量圆盘直径和厚度，计算出样品体积。65℃烘干至恒重，测定干重并计算出木材密度。然后取 100 g 干重样品用于含碳率测定。

1.6.1.5　凋落物层调查

地表凋落物层指所有在矿质土上面的死有机物质，包括木本、草本植物的凋落叶片、枝条等，以及难以分辨的有机物分解碎片；直径<5 cm 的枯死木也归入凋落物层进行调查。

（1）工具：1 m×1 m 的小样方框、样品袋、天平、记号笔、塑料布、记录表格和铅笔、烘箱。

（2）在 5 个 1 m×1 m 草本小样方内收获地表凋落物，分为枝（含<5 cm 枯死木）、其他（含未分解层、半分解层、分解层，需收集完整）。两部分称取总鲜重后，每部分分别取样称鲜重带回，65℃烘干称重，根据干重率计算得到凋落物总干重。相关数据填

入《灌木、草本、凋落物层生物量收获调查表》（附表 1-6）。样品袋上注明编号：“样地号+凋落物+小样方号+枝/其他”。

1.6.1.6 各层含碳率取样

目前国内很多乔、灌、草物种都已有含碳率测定的结果（尤其在北方已测物种比例较高）。由于含碳率随物种、环境变化不是很大（50%左右），测定工作量、费用也较大，可考虑先查阅相关文献，主要对无测定结果的物种进行测定。

（1）乔木层：对于一个地区的每个主要群落类型，根据样地调查的乔木层物种组成，在样地附近对优势种分物种取样，供测定碳等元素含量。优势种定义为：各物种相对胸高断面积（RBA）降序排列，RBA 之和达到 80%的前 *n* 个物种。非优势种可按属，或者生态习性相似树种归并取样。

在确定优势种后，选择具有代表性的健康植株作为样株。其中，每个优势种按大、中、小径级共选择 3～5 株样木，按叶、枝、干、根取样，同器官混合形成一个样品。叶片样品应取自树冠中上部。每个样品鲜重 300 g 左右。样品带回野外驻地后需及时初步烘干。

（2）灌木层：生物量采用相关生长法测定的，参考乔木层取样原则取样。生物量采用收获法测定的，按草本层方法取样。

（3）草本层、凋落物层：在 H1～H5 小样方中收获的生物量样品，65℃烘干测定干重获得干重率后，每个小样方取部分样品，5 个小样方均匀混合后取 100 g 干重的样品，用于测定含碳率。草本层地上、地下部分分别取样，凋落物层的枝和其他分为两部分分别取样。

枯死木取样见 1.6.1.4 节。灌丛、草地生态系统取样原则相同，下面不再重复叙述。

1.6.1.7 样方复查

样方复查是测定生态系统碳库变化的基本手段，也是最精确的方法。森林样方一般每 5 年复查一次。

（1）乔木层复查：样方复查时，逐株在树牌上方 10 cm 处（1.3 m）测定胸径。复查前需将前一期调查各株的样格号、树号、树种、胸径填入《乔木层调查表》（附表 1-2）的“前期 DBH”等栏以避免漏测树木，对于两次调查间死亡、倒伏的树木必须在备注中记录情况。

复查时新进阶树木记录在上次调查所有树木之后，并在样格内延续编号、挂牌。如上次调查 A 样格最后一棵树的编号为 A14，A 样格中新进阶的树编号为 A15、A16，以此类推。

（2）灌木、草本层群落复查：灌木、草本层的详细调查需要在上一期调查中的同样位置进行（如图 1-1 中 D、I 样格，和 H1～H5 小样方）进行，此后同样需要搜寻样方的各样格，记录整个样方的物种数。

（3）生物量收获：上一期采用收获法测定灌木、草本、凋落物层的生物量的，需在乔木样地外选择与原草本 H1～H5 样方植被状况相似处，重新设置草本样方进行调查。

灌丛、草地生态系统复查的时间间隔一般小于森林，具体根据需要而定。复查方法的原则同森林中灌木、草本层复查，下面不再重复叙述。

1.6.2 灌丛生态系统

灌丛生态系统在外貌和结构上差异很大（图 1-9），为了分别采用不同的调查方法更准确地测定其生物量，可将灌丛划分为三种类型。

森林型：灌木的分枝明确、枝干可数，如大型杜鹃灌丛。

草地型：灌木的分枝不明确、枝干不可数，如胡枝子灌丛、荆条-酸枣灌丛；或者虽然分枝明确、枝干可数，但基本无法测量，如鬼箭锦鸡儿灌丛。

荒漠型：灌木的冠幅离散、贴近地面生长，如小蓬荒漠。

图 1-9　几种主要的灌丛类型（生态系统固碳项目技术规范编写组，2015）（另见文后彩图）
A. 森林型；B. 草地型；C. 荒漠型

1.6.2.1 灌丛调查

1）工具

游标卡尺、卷尺、枝剪、锹、样品袋、牛皮纸信封、天平、记号笔、塑料布、记录表格和铅笔、烘箱、1 m×1 m 的小样方框等。

2）群落调查

（1）类型 A（森林型）：将 10 m×10 m 的灌丛样方划分为 4 个 5 m×5 m 的样格（编号为 1、2、3、4）。在每个样格内，对所有灌木逐株记录种名、基径、高、冠幅；冠幅在长轴和短轴两个垂直方向各测一次。对成丛生长的灌木，则每丛取一个平均株，记录平均基径、高、冠幅等，以及该丛株数，填入《灌木层调查表（类型 A 和 C）》（附表 1-3-1），在表头注明为类型 A 调查。

每个物种在样格中第一次出现时，在盖度栏记录物种在该样格中的盖度。在每个样格第一行记录该样格的灌木层总盖度。高度小于 30 cm 的小灌木归入草本层。

（2）类型 B（草地型）：在每个 5 m×5 m 的样格内，对全部灌木进行分物种调查。将每个灌木种按其最大高度划分高度等级（2.5 m 以内每 0.5 m 划分一个高度级；共 3～5 个高度级，以实际高度范围标示）。对于每个灌木种的同一高度级，记录其种名、高度级（即每级的最大、最小高度）、平均高、平均基径、平均冠幅，并估计株数和盖度（详见《灌木层调查表（类型 B）》，附表 1-3-2）。其余注意事项同类型 A。

（3）类型 C（荒漠型）：在每个 5 m×5 m 的样方内，对于每个灌木植株，记录其种名、高度、冠幅，填入《灌木层调查表（类型 A 和 C）》（附表 1-3-1），在表头注明为类型 C 调查。本类型可不用记录基径。

3）生物量调查

（1）类型 A（森林型）：该类型灌丛的植株形态与树木较为相似，因此其群落生物量的获取与森林类似，每株生物量可通过相关生长法，利用基径、高、冠幅等计算得到。

每个物种按照植株高度分级（以保证不同大小的个体都有），每个等级选取 3 株以上的样株，测定基径、株高、冠幅后，测定叶、枝、干、根的鲜重。根系要尽量收集完整；个体较小的灌木种，枝、干可合并为茎进行测定。对每个器官取样测定样品鲜重，样品袋上注明编号："样方号+物种+株序号+部位（叶/枝/干/根）"。各项数据填入《灌木生物量方程调查表（类型 A 和 C）》（附表 1-5）。对于根样品，在称鲜重前应尽量将根上附着的泥沙等去掉；细根可放入筛内冲洗，然后用纸或布把水吸干并风干后再称重。样品带回实验室后在 65℃下烘干至恒重，计算干重率后将各器官总鲜重换算为干重。

每个地区的每个主要群落类型（包括不同的地带性植被类型，及其早、中、晚期的演替阶段），每个物种测定 30 株以上，用以建立相关生长关系，根据灌木调查数据估算生物量。测定应在样地附近进行、标注样地号和群落类型。在灌木种较多时，每个优势种需要单独进行测定，这里的优势种是指按优势度降序排列，基部面积累计达到 70%的前几个物种。非优势种可根据植株构筑型（如枝干、根的分支特征）接近的原则归为几类，按类型进行测定。

相关生长方程的建立见 1.6.2 节。

（2）类型 B（草地型）：此类型群落与草地相似，难以逐株测量生物量，因此采用收获法。在 H1～H5 的 5 个 1 m×1 m 草本小样方中，收割灌木的地上生物量并挖取完整根系，测定叶、茎、根总鲜重。对各器官取样测定鲜重，样品袋上注明编号："样方号+灌木层+小样方号+部位（叶/茎/根）"，填入《灌木、草本、凋落物层生物量收获调查表》（附表 1-6）。需要分物种、分高度级取样的，在该表格中增加物种、高度级的栏目即可。样品带回实验室后在 65℃下烘干至恒重，计算干重率后将小样方总鲜重换算为干重。

对于复查样地，测定在样地外选择相似小样方进行。

（3）类型 C（荒漠型）：此类型生物量调查同样采用相关生长法，与类型 A 的不同在于类型 C 主要依据冠幅建立方程来计算生物量。在选择样株时，每个物种按照冠幅大小分成不同等级，每个等级选取 3 株以上的样株，测定样株的冠幅、株高后（基径可不测），按照类型 A 的同样方法测定。

采用相关生长法时，是否包含足够大的个体对生物量方程的质量影响很大，因此，虽然株高、冠幅大的个体测定困难，但还是应充分重视选择样株时要涵盖该物种的株高或冠幅范围，并取足大个体的样本。

1.6.2.2 其他群落层次调查

灌丛的草本层调查参见草地生态系统；凋落物层调查方法参见森林凋落物层（1.6.1.5 节）。

1.6.3　草地生态系统

（1）工具：1 m×1 m 的小样方框、卷尺、剪刀、锹、样品袋、牛皮纸信封、天平、记号笔、塑料布、记录表格和铅笔、PVC 管、烘箱等。

（2）如图 1-3 所示的 5 个 1 m×1 m 的小样方进行草本层调查。对于复查样方，以 PVC 或木桩标记草本层小样方的位置以便在同样位置复查。

（3）群落调查：在每个小样方内，对草本层植物（含高度小于 30 cm 的小灌木、乔木幼苗）进行分物种调查，每个物种记录种名、盖度、平均高度和多度等级等（详见《草本层调查表》，附表 1-4）。注意由于物种个体大小差异较大、株数意义不大，统一按照表格下的德氏多度等级记录多度。在每个小样方的第一行记录该样方草本层总盖度。

（4）完成 5 个小样方的详细调查后，还需对 10 m×10 m 样方的剩下部分进行踏查，搜寻在小样方中未出现的物种，只记录种名，以获取整个样方的物种数。

（5）生物量调查：在每个 1 m×1 m 小样方中收获全部地上、地下生物量，称取总鲜重，并分地上、地下取样称重，填入《灌木、草本、凋落物层生物量收获调查表》（附表 1-6），样品袋上注明编号："样方号+草本层+小样方号+地上/地下"。需要分物种取样的，在该表格中增加物种一栏即可。样品带回实验室后在 65℃下烘干至恒重，称量干重、计算干重率后将小样方总鲜重换算为干重。

对于复查样地，测定在样地外选择相似小样方进行。

（6）根钻法调查根系生物量：草地、干旱灌丛、沼泽等生态系统的植物往往根系较深，采用收获法获取全部根系工作量太大，可采用根钻法测定根系生物量。在 5 个取过地上生物量的小样方内，用 7 cm 根钻各钻取 3 钻。每钻分别取 0～10 cm、10～20 cm、20～30 cm、30～50 cm、50～70 cm、70～100 cm 等几层土芯，每层的 3 钻土芯混合后装袋带回。样品用流动水浸泡、漂洗、过筛，拣出根系；根据外形、颜色和弹性区分死根和活根，风干后称取鲜重，并取一定数量的根样在 65℃烘箱中烘干至恒重，计算含水率，再换算出单位面积细根生物量。取样时注意留足含碳率测定所需样品（5 个小样方合计干重 100 g，见 1.6.1.6 节）。对于根系较少样地或下层土壤，可增加取样量到 5～6 钻。相关数据填入《根钻法地下生物量调查表》（附表 1-7）。

根钻法也可用于在森林和灌丛（类型 A 和 C）中进行细根（直径<2 mm）生物量测定，在样方中均匀布设 10～20 个采样点，其余方法同上。

（7）草地中零星出现的灌木乃至小乔木（较多时应归入灌丛生态系统），或高大草本植物，参考灌丛进行调查。

（8）凋落物层调查：参考森林凋落物层（1.6.1.5 节）。

1.6.4　沼泽生态系统（以浮水或沉水植物为优势种）

（1）工具：1 m×1 m 的小样方框、点频度框架、卷尺、剪刀、锹、样品袋、牛皮纸信封、天平、记号笔、塑料布、记录表格和铅笔、PVC 管、烘箱等。

（2）在图 1-4 和图 1-5 中设定的小样方分别进行浮水植物和沉水植物调查。对于复查样方，以 PVC 或木桩标记草本层小样方的位置以便在同样位置复查。

（3）群落调查：对于浮水植物群落，在每个小样方内，对每个小样方采用样点截取法中的点频度框架开展调查。频度框架的宽度为 100 cm，采用 10 个金属针（图 1-10）。需要依次记录每根样针从上向下所触及的所有水生植物的种类、次数、高度和物候期。为减少水体晃动，可 2 人进行配合。即 1 人手持框架垂直于水面，另 1 人分别将 10 根样针依次从左到右垂直地向下插入，将相关数据填入《浮水植物群落调查表》（附表 1-11）。

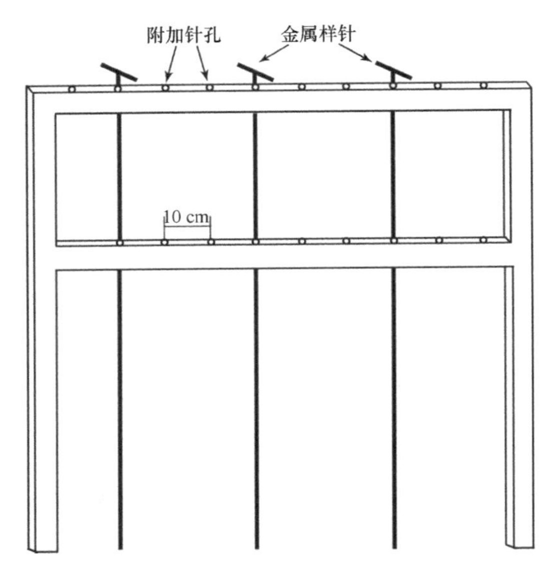

图 1-10　样点截取法中所运用的点频度框架

对于沉水植物群落，在每个小样方中采用布劳恩-布兰奎特（Braun-Blanquet）多盖度等级法进行调查。记录各小样方中沉水植物的种类和多盖度等级等（详见附表 1-12《沉水植物群落调查表》）。样方内记录的植物应是自然生长的沉水植物，而不是随水流漂流的沉水植物。但极少数无根或依靠带叶的断枝进行繁殖或扩散的沉水植物除外。

（4）生物量调查：地上生物量采用收获法，地下生物量采用根钻法，具体方法参照 1.6.3 节草地生态系统。

1.6.5　农田生态系统

1）工具

钢尺或塑料尺（刻度 1 mm）、刀子、铁锹、编织袋、塑料纸、塑料绳、100 目筛、塑料盆、标签（填写样品编号、采样时间）、相机、GPS、记录表格等。实验室测定需要烘箱、天平、剪刀等。

2）调查方法

在作物成熟后收获前的晴天实施野外调查。油菜和大豆的采集最好是在早晨，以避免由于种荚开裂而造成籽粒损失。作物样品分地上和地下部分进行采集。

（1）地上作物样品采集：在所设置的田间样方内，记录地上样方（图 1-6 中 S_1）大小、样方中作物株数以及田块中作物的行株距和种植密度（附表 1-10《农田生态系统作物生物量野外调查记录表》）。用刀子沿地表将作物茎割断，样品装入编织袋中，用塑料纸包扎好，写好标签，运回实验室。

（2）地下作物样品采集：地下作物根系样品采集采用“收获法”获取。在地上样方内，挖掘不小于 0.25 m^2 含根系的土壤（图 1-6 中 S_2）。水稻、小麦、油菜、棉花和大豆采样深度为 30 cm，玉米为 50 cm。把混有根系（地下部分）的土块全部挖出，装入编织袋中，做好标记。记录挖掘样方 S_2 大小。

将混有根系土壤的编织袋运到当地就近的池塘或河边，放入水中充分浸泡，使根与土分离。对于像玉米这样的大根，直接用手分选；而对于细根，一般会浮于水面，用 100 目的筛子把根从水中分选出来，注意要拣去筛子上肉眼可见的杂物和死根，将筛子上的作物根系用塑料纸包扎好，写好标签，运回实验室。

（3）生物量测定：对每个样方采集的作物地上样品晾晒、脱粒，根系样品清洗、晾晒后，用天平分别称取籽实、秸秆和根系的风干重。将作物秸秆和根用剪刀或锯刀切成 5 cm 左右的小段后混匀，取作物秸秆和根系混合样、籽实样品各 100 g，烘干至恒重后测定干重，得到各器官样品的含水率，并计算出样方的籽实、秸秆和根系生物量（生态系统固碳项目技术规范编写组，2015）。

1.6.6　城市生态系统

城市植被中，城市森林和城市道路绿地以乔木为主，城市公园由乔木、灌木和草本植物共同构建，种类、组成主要由人工设计和管理，植被生长经由人工维护。但由于一般情况灌木和草本植物对城市生态系统植被碳库的贡献较低（<10%），并且城市生态系统中灌木和草本植物受人工设计和管理影响较大（例如整棵移出或替换更新），城市生态系统的植被生物量调查主要以乔木为主。因此城市生态植被生物量调查主要参考森林生态系统（1.6.1 节）的样方调查方法。

城市生态系统景观结构复杂，为了方便采用不同的调查方法更准确地确定测定其生物量，可将城市生态系统划分为以下三种类型。

森林型：以乔木为主，与森林生态系统结构较为类似，但林下灌木和草本植物分布更为稀疏。

灌丛型：以人工栽培的灌木为主，主要分布于城市公园内、道旁绿化带等。

草地型：指矮小草本植株密植，并经修建的人工草地，如观赏草坪和游憩草坪。

1.6.6.1　*群落调查*

1）类型 A（森林型）

方法同森林生态系统（1.6.1 节）的样方调查，分别对其乔木层（1.6.1.1 节）、灌木层（1.6.1.2 节）和草本层（1.6.1.3 节）进行调查。

在类型 A 中，需注意与自然森林生态系统调查的不同之处。

（1）树木挂牌需提前取得相关城市园林管理部门同意，树木标记不应影响其美化功能。

（2）由于城市生态系统中城市植被的美化服务功能的需要，城市生态系统中的枯死木和凋落物常会很快被人工移出，因此一般无需进行枯死木和凋落物的生物量调查。

（3）城市生态系统样方复查时间间隔可小于自然生态系统，具体根据需要而定。复查方法的原则同森林样方调查（1.6.1.7 节），但鉴于城市扩张速度较快，应在新的建设用地上每年增加一定数量的新样方。

2）类型 B（灌丛型）

参见灌丛生态系统（1.6.2 节）；灌丛型的草本层调查参见草地生态系统（1.6.3 节）。

3）类型 C（草地型）

参见草地生态系统（1.6.3 节）。

1.6.6.2 生物量调查

城市生态系统中城市植被主要由人为设计和维护，例如城市公园内的植被景观通常不允许破坏性取样，因此城市生态系统中植被生物量调查主要采用相关生长法，所用调查数据以群落调查（1.6.6.1 节）得到的胸径和树高等参数，通过查阅已发表文献中的异速生长方程估算植株生物量。城市生态系统生物量调查采用相关生长法时，需注意与自然生态系统生物量调查的差异。

（1）由于可利用的城市植被异速生长方程极为缺乏，通常选取研究区与所调查样地的地理位置较为接近的参考文献；如果没有该物种的异速生长方程，则可选取与该物种同属或同科异速生长方程；若仍没有，可以使用针叶林或阔叶林通用的异速生长方程，如刘国华等（2000）及 Jo 和 McPherson（1995）等文献中的方程。

（2）各树种含碳率的确定，同样主要通过查阅已发表的可适用的参考文献。如 Milne 和 Brown（1997）、Nowak 和 Crane（2002）、Patenaude 等（2003）的文献。

（3）城市乔木由于频繁的人为维护（如修剪），在使用自然生态系统的异速生长方程估算其生物量时，可能造成高估，因此根据城市植被的实际管理情况，可将通过生物量方程估算得到的生物量值乘以调整系数以降低该差异，目前主要参考 Nowak（1994）中的调整系数 0.8，保护区或人为管理较少的城市植被无需调整。

（4）在允许伐木和收获法取样的情况下，则参考 1.6.7 节等的取样方法，尽可能满足标准木选取要求，测定生物量，并建立城市乔木自身的相关生长方程（目前相关数据还十分缺乏）。

1.6.7 木本植物生物量方程测定

相关生长法是测定乔木、大灌木生物量的基本方法之一。需要根据调查地点的群落类型、优势种、立地条件来确定需要测定的乔木或灌木种。乔木的生物量方程测定工作十分繁重，尤其是根系和大径级木。目前国内外都已进行了大量的生物量方程的测定工作，也有一些研究对各地点、树种的生物量方程进行了收集、整理，可供查阅[国内文献可参考如罗云建等（2015）、周国逸等（2018）]。因此建议先查阅文献，确有必要时（如调查地点的主要树种、特殊林型或生境类型没有生物量方程），再进行乔木生物量方程的测定。

1.6.7.1　乔木树种

1）工具

油锯或手锯、砍刀、枝剪、胸径尺、皮尺、卷尺、磅秤、吊秤、天平、锹、耐磨塑料布、取样布袋、烘箱、记号笔、记录表格和铅笔。

2）标准木的选择

选择标准木前，要对调查地点的林分进行调查，或获取以往林分调查资料。选择的标准木需要能代表当地该林型、树种的径级范围。尤其是大径级的个体对生物量方程质量影响很大，如果标准木的最大径级较小，则可能会给林分生物量估算带来很大的误差。

一般采用分层取样的方法选取标准木，即根据林分调查资料确定树种的径级范围，划分为若干径阶（一般 5 个以上），并计算出各径阶的平均胸径，每个径阶选取平均胸径附近的 3 株以上的健康立木。虽然大树生物量测定困难，但仍建议不能减少大径级个体的取样数量，否则会对方程的质量有较大影响（理论上大径级树木的取样数量反而应该占比更大，因为大树生物量的个体间变异性较大，同时，小径级个体可考虑适当减少以减轻工作量）。

对于同龄人工林的幼林，胸径、树高差异很小，个体大小十分均匀时，可不分径级，测定林分平均胸径后选择 3～5 株平均木。但林龄较大时，一般不推荐采用此方法。

3）标准木的测定

标准木伐倒前，需测量其胸径、冠幅（东南、西北两个方向）。伐倒后，测量树桩年轮数，用砍刀、手锯等将枝叶等从树干上分离下来，测量树高、活枝下高、树冠长度，并在树高 1/4、1/2、3/4 处测定树干直径。

树枝和树叶：将树枝分离成小枝（直径<5 cm）、中等枝（直径为 5～20 cm）、大枝（直径>20 cm）三组，每组将叶和枝条分离分别称鲜重，并取样用天平称取鲜重后装入样品布袋，编号留待测定干重。

树干生物量：首先，在胸径（1.3 m）处分段，其后按 1 m 或 2 m 长度分段；一般树高小于 15 m 的采用 1 m 区分段，大于 15 m 的采用 2 m 区分段。称完每段的鲜重后累加得到树干鲜重。然后在树干的基径、胸径处各锯取一个 3 cm 左右厚的圆盘，分别记为 0 号、1 号盘。对于其上的各段，分别在每个区分段的中点位置截取 1 个圆盘，依次记录为 2 号、3 号等盘，用天平称量圆盘鲜重，留待测定干重。这些圆盘也可用于解析木的测定，用于获得树木胸径、高生长过程（孟宪宇，2006）。

根系：采用全挖掘法获取标准木的全部根系，然后分树桩、粗根（直径>5 cm）、中根（直径为 2～5 cm）、细根（直径<2 cm）几组称取鲜重。称重完成后，对四组根分别

取样并称取鲜重，装入样品布袋并编号留待测定干重。

上述样品带回实验室后，在65℃下烘干至恒重，测得干重率，然后根据鲜重计算出各部分的干重。上述数据均填入《标准木生物量测定表》（附表1-8）。

4）生物量方程的建立

利用上述测定的标准木各器官的生物量，以及胸径和（或）树高，拟合得到各器官及总生物量的方程（如表1-1）。

乔木生物量方程最常用形式如下。早期文献也有其他函数形式的，但幂函数形式方程是基于相关生长理论（Brown et al.，2004），其生物学意义最好，推荐统一采用：

$$M = a \times D^b \tag{1-3}$$

$$M = A \times \left(D^2 H\right)^B \tag{1-4}$$

式中，M为各器官或总的生物量（kg），D为胸径（cm），H为树高（m），a、b、A、B为相关生长方程系数。

建议同时拟合一元[式（1-3）]和二元方程[式（1-4）]。在树高测定精度不高时，可使用同一地点、同样立地条件下的一元方程，但二元方程也有其特定的优势（见1.8.1.1节）。

此外，所有生物量方程都应注明所用标准木的胸径、树高范围（表1-1），以便使用者参考。

表1-1　长白山白桦、山杨生物量方程示例（Zhu et al.，2010）

物种	组分	a	b	R^2	A	B	R^2	D（cm）	H（m）
白桦	干	0.0346	2.7824	0.9968	0.0145	1.0252	0.9975	5.4～34.7	7.2～25.7
	枝	0.0071	2.6806	0.9790	0.0033	0.9797	0.9639		
	叶	0.0154	1.6738	0.8497	0.0101	0.6051	0.8186		
	地上	0.0483	2.7260	0.9973	0.0208	1.0029	0.9951		
	根	0.0121	2.6673	0.9829	0.0053	0.9812	0.9804		
	总重	0.0604	2.7160	0.9965	0.0261	0.9993	0.9944		
山杨	干	0.0444	2.5630	0.9975	0.0135	1.0078	0.9983	5.4～45.2	7.8～24.4
	枝	0.0033	2.6916	0.9371	0.0010	1.0519	0.9265		
	叶	0.0112	1.8838	0.9567	0.0048	0.7370	0.9479		
	地上	0.0547	2.5440	0.9989	0.0169	0.9995	0.9981		
	根	0.0144	2.4318	0.9965	0.0047	0.9555	0.9959		
	总重	0.0686	2.5265	0.9992	0.0214	0.9927	0.9985		

注：长白山两个树种的生物量回归方程，a、b为式（1-3）的系数，A、B为式（1-4）的系数；D为胸径，H为树高。

1.6.7.2　*灌木物种*

灌木物种样株的生物量调查方法上面已经介绍（1.6.2节）。对于类型A（森林型）的灌木种，可按式（1-3）和式（1-4）建立各器官生物量与基径、株高的关系。对于从茎干下部分枝较多的物种，仅用基径和高拟合可能效果不够好，可参考下面方法，在方程中加入冠幅进行拟合。

对于类型 C（荒漠型）的灌木种，因基径难以测量，一般用冠幅计算出冠面积，然后结合株高进行拟合（也可只用冠面积）。

$$\mathrm{CA}=\pi\left(C_{\mathrm{L}}/2\right)\left(C_{\mathrm{W}}/2\right) \tag{1-5}$$

$$M=a\times CA^{b}H^{c} \tag{1-6}$$

式中，CA 为冠面积，C_{L} 和 C_{W} 分别为长轴和短轴的冠幅，M 为各器官或总生物量，H 为株高，a、b、c 为回归系数。

1.7　实验室测定

1.7.1　样品的野外初步处理

各种植物样品（叶、枝、干、根、凋落物）取样后，须尽快用烘箱在 65℃条件下烘干至恒重（一般为 24～48 h），以防运输过程中霉变。如野外驻地条件不允许，可用电吹风、防火布、便携金属鞋架制作简易烘干设备，吹风 10 h，或者用微波炉杀青；两种简易烘干处理后，均须尽快运回实验室。

1.7.2　样品的制备

各种生物量样品的实验室测定较为简单，主要是在 65℃条件下烘干至恒重后测定含水率，已在前文叙述，这里主要介绍含碳率样品的测定。

从野外取回的经过初步处理的植物含碳率样品，进行编号登记核对后，都需要经过样品制备过程，以备各项测定之用。样品制备的目的是使分析时所称取的少量样品具有较高的代表性，并使样品分析时的反应能够完全和彻底，使样品可以长期保存，不致腐坏。

1）样品干燥

植物地上部和洗净的根系样品要尽快在恒温烘箱中烘干至恒重。烘干时一般直接在 65℃下使样品干燥至适于研磨或粉碎为止（一般为 24～48 h）。

2）样品粉碎

大量植物烘干样品（＞1 g）先用杯式粉碎机进行粗粉，过 10 目筛混匀，颗粒过大而未过筛的粗样品继续进行粗粉，如此循环直到完全过筛（对于木质坚硬的乔木、灌木样品可先用木槌敲碎，然后再进行粗粉）。随后用研钵将粗粉后样品进行细粉，过 80～100 目筛，装袋标号，用于实验分析。如果实验分析所使用样品量不大，建议只需细粉满足实验分析用量即可，剩余粗样品装袋、标号、保存。

3）样品保存

及时有效地对野外采集的样品进行正确保存，是保证样品室内化验分析取得准确结果的前提。在保存期间需要保证样品品质不发生任何的改变，从而使分析测试结果能够反映出样品的真实情况。样品的保存方法和保存时间，随实验、观测目的不同而不同，也因样品特性不同而各异。

干燥样品是指经过自然干燥或烘干后的样品。干燥样品在正常室温下，只要保持干燥、避光和防止霉变、虫蛀等，就能保存较长时间。但最好备有专门的存储柜或存储间。存储间的基本要求是干燥、通风良好、无虫鼠害等发生，同时避免药品或其他可能的污染源的存在。

为避免植物干燥样品保存占用较大空间，应在烘干后及时将其粉碎后进行保存。对于需要短时间保存的样品，粉碎后，将其装入透气的纸袋或信封内，标明样品名称、采样地点、时间等，然后放入干燥器中保存，也可置于自然干燥通风处保存。在每次精密分析工作前，称样前样品须在65℃下再烘 12～24 h，因为样品在保存和粉碎期间仍会吸收一些水分，并且称样时应充分混匀后多点取样，在称样量少而样品相对较粗时更应该注意。在样品保存期间，应对保存的样品定期进行检查，防止霉变、虫鼠危害等发生。

1.7.3 样品含碳率测定

1）测定样品

进行碳含量测定的植物样品包括以下几类。

（1）乔木层样品：叶、枝、干、根样品（1.6.1.6 节），以及枯死木含碳率样品（1.6.1.4 节）。

（2）灌木层样品：类型 A、C 每个优势种标准株的不同器官（根、茎、叶等）样品；类型 B 各小样方混合的根、茎、叶样品。

（3）草本层样品：每个样方草本层地上、地下样品（见 1.6.1.6 节）。

（4）凋落物样品：每个样方收集的凋落物样品。

2）全碳含量测定方法

（1）重铬酸钾氧化外加热法：详细方法见国家标准《土壤有机质测定法》（GB 9834—1988）。

（2）元素分析仪法：可采用燃烧式碳、氮元素分析仪（如 PE-2400 Ⅱ）测定植物碳、氮含量。由于样品用量小，测定快速，被广泛用于大量植物、土壤样品中碳含量测定，适于大规模碳库计量调查的测定。详细方法见有关仪器说明书。

1.8 植被碳密度计算

区域最大尺度的植被碳库估算的基本方法是先计算出单位面积碳储量（碳密度），然后采用生物量转换因子法（适用于森林生态系统）、平均碳密度法、遥感估算法（适用于各种生态系统）等方法进行估算。计算植被碳密度时，首先需根据野外样方数据计算出样方中各群落层次的生物量，然后乘以相应含碳率，最后各层次相加即可得到。

1.8.1　森林生态系统

森林植被碳库各组分中，乔木层的生物量估算一般采用相关生长法和材积源生物量法；灌木层生物量可采用相关生长法或收获法；草本层生物量采用收获法；枯立木、倒木一般采用木材密度法；凋落物层采用收获法。

1.8.1.1　乔木层

1）相关生长法

（1）乔木层生物量：样方中每株乔木的不同器官（干、枝、叶、根等）和总生物量，一般采用同一地点、同一树种的生物量方程进行估算。方程可通过 1.6.7 节中方法实测，也可通过查阅文献获得。

使用文献方程时，要注意不同文献的生物量单位可能不同。还需注意胸径、树高是否在文献公式的范围内（如表 1-1），如果差距太大，会导致较大的估算误差，建议另外寻找方程。在气候、环境梯度较大时（如海拔梯度上），由于胸径-树高关系发生变化，建议使用二元方程[式（1-4）]，一元方程一般在气候、环境条件和测定地点相似的情况下才适用。如果文献中找不到相关树种的生物量方程（如非优势种），可用同一地点的同属或同类（构筑型相似）树种的生物量方程代替。

采用二元方程估算生物量时，如样地中树高没有全测，需要先建立胸径-树高（*D-H*）关系，计算出未实测的树高：

$$H = a \times D^b \tag{1-7}$$

式中，D 为胸径（cm），H 为树高（m），a、b 为方程系数。

（2）乔木层碳密度：采用上述方法计算出样地中每株树木各器官的生物量后，如果测定了各物种各器官的含碳率（见 1.6.1.6 节），则分物种求和得到样方中每个物种的干、枝、叶、根等器官的总生物量，分别乘以相应含碳率：

$$C_{\mathrm{T}} = \sum_{i=1}^{n} \sum_{j=\mathrm{l,b,s,r}} \left(B_{i,j} \times C_{i,j} \right) \tag{1-8}$$

式中，C_{T} 为样方的乔木层碳储量，n 为物种数，l、b、s 和 r 分别代表叶、枝、干和根器官，$B_{i,j}$ 和 $C_{i,j}$ 分别为第 i 个物种第 j 个器官的总生物量和含碳率。

如果没有测定含碳率，则对各株生物量求和计算出样方生物量，乘以 50%的含碳率得到 C_{T}。注意由于各器官的生物量方程是分别拟合的（如表 1-1），总生物量（或地上生物量）的计算结果可能与各器官的生物量加和有较小差异，总生物量应以其方程直接计算的结果为准。

采用上述方法得到样方的乔木层碳储量后，根据样方面积换算为每公顷碳储量（t C/hm^2），即碳密度。

2）材积源生物量法

在调查地点没有合适的生物量方程时，样方的乔木层生物量也利用蓄积量计算。

样方中每株树木的材积可采用当地的一元材积表计算，已有研究全面收集了全国各地、主要树种的一元材积表可供查阅（如刘琪璟等，2017）。没有本地的一元材积表时，可使用林业行业标准中的二元材积公式：

$$V = aD^b \times H^c \tag{1-9}$$

式中，V 为单株材积（m^3），D 为胸径（cm），H 为树高（m），a、b、c 为方程系数。各主要树种参数见林业行业标准《立木材积表》（LY/T 1353—1999）。

计算出单株材积后求和得到样地的蓄积量，然后按 1.9.1.2 节中的方法计算出乔木层总生物量，乘以 50%的含碳率得到 C_T，并换算为碳密度（t C/hm^2）。

1.8.1.2 灌木层

森林灌木层生物量采用相关生长法测定时，参考乔木层计算方法进行。采用收获法时，参考草本层方法进行。

1.8.1.3 草本层和凋落物层

草本层如果分物种测定了生物量和含碳率，参照式（1-8）计算出每个 1 m×1 m 小样方的碳储量。没有分物种测定时，以小样方的地上、地下生物量乘以相应含碳率，加和后得到小样方碳储量。将 5 个小样方平均后，根据面积换算得到草本层碳密度（t C/hm^2）。

凋落物层的碳密度计算同理即可得。

1.8.1.4 根系生物量估算

在根系生物量数据缺失时，如部分（小）样方的根系生物量没有调查，或缺乏可靠的根系生物量方程时，可利用地上生物量来推算根系生物量。该方法既可用于某一物种的根系生物量估算，也可估算群落中某一层次（乔木、灌木、草本）的生物量，以及整个样地的根系生物量。估算方法有两种，以样地水平的估算为例。

1）相关生长法

利用同地点（同区域）的相同群落类型的样方，建立实测根系和地上生物量数据之间的相关生长关系，用于估算无根系数据的样方的地下生物量：

$$B_b = cB_a^d \tag{1-10}$$

式中，B_b、B_a 分别为地下、地上生物量，c、d 为相关生长方程系数。

2）根冠比（R/S）法

利用已知样方的实测根系生物量除以其地上生物量，即为根冠比。利用某群落类型样方的根冠比均值，同样可以由地上生物量推算地下生物量。

表 1-2 为文献报道的我国主要森林类型的根冠比和地下-地上生物量关系。

表 1-2　我国主要不同森林生态系统根冠比及地上-地下生物量模型（Luo et al., 2012）

类型	样本数	根冠比			地上-地下生物量模型[a] $\log_{10}(BGB) = \alpha \log_{10}(AGB) + \beta$		
		平均值	最小值	最大值	α	β	决定系数（γ^2）
所有森林	649	0.233	0.070	0.730	0.859	−0.370	0.762
林型							
云杉属、冷杉属、圆柏属	32	0.229	0.115	0.390	0.945	−0.549	0.613
杉木	83	0.193	0.110	0.318	0.798	−0.294	0.819
柏木属、福建柏属	24	0.209	0.095	0.317	1.047	−0.790	0.892
落叶松属	46	0.234	0.132	0.516	0.763	−0.160	0.599
红松	33	0.227	0.126	0.345	0.993	−0.644	0.857
马尾松、黄山松	55	0.159	0.072	0.281	0.779	−0.338	0.735
油松	100	0.239	0.094	0.731	0.811	−0.307	0.693
其他温带松柏类[b]	22	0.250	0.137	0.360	0.793	−0.251	0.485
其他亚热带松柏类[c]	24	0.207	0.104	0.330	1.024	−0.745	0.847
桤木属、桦木属、杨属	22	0.290	0.168	0.546	0.887	−0.366	0.841
栎属，其他温带落叶阔叶林[d]	66	0.323	0.153	0.537	0.877	−0.266	0.742
其他亚热带落叶阔叶林[e]	10	0.205	0.150	0.274	0.802	−0.283	0.802
锥属、青冈属、柯属	23	0.265	0.157	0.433	0.902	−0.365	0.802
其他常绿阔叶林	46	0.265	0.131	0.435	0.800	−0.177	0.793
热带森林	17	0.228	0.125	0.358	0.949	−0.531	0.816
温带针阔叶混交林	15	0.221	0.100	0.331	1.024	−0.728	0.840
亚热带常绿阔叶林	31	0.208	0.137	0.303	1.001	−0.691	0.780
森林起源							
天然林	211	0.260	0.080	0.573	0.903	−0.408	0.735
人工林	438	0.220	0.072	0.731	0.804	−0.288	0.773
生活型							
针叶林	420	0.214	0.072	0.731	0.820	−0.332	0.765
阔叶林	183	0.283	0.131	0.573	0.857	−0.275	0.826
针阔叶混交林	46	0.212	0.100	0.331	1.012	−0.711	0.822
落叶/常绿林							
落叶林	144	0.281	0.132	0.573	0.837	−0.253	0.729
常绿林	459	0.220	0.072	0.731	0.870	−0.415	0.792

a. AGB、BGB 分别表示地上、地下生物量（t/hm^2），所有的回归方程都具有显著性（$P<0.0001$）。
b. 温带地区以赤松、长白松、樟子松、黑松、侧柏为主的森林及针叶混交林。
c. 亚热带地区以柳杉、铁坚杉、华山松、高山松、思茅松、晚松、云南松等为主的森林及针叶混交林。
d. 温带地区以栎木、水曲柳、胡桃楸、洋槐为主的森林及落叶阔叶混交林。
e. 亚热带地区以南酸枣、米心水青冈、枫香、黄连木、化香树、樟树为主的森林及落叶阔叶混交林。

在使用这两种方法时，需要注意，相关生长关系法和 R/S 即使对于同一群落类型在不同的气候和立地条件下也是不同的，在人工林和天然林之间也有显著差异（如 Wang et al., 2008），因此估算尺度较小时，最好针对本区域单独建立地上、地下关系，以提高估算精度。

1.8.1.5 枯死木

枯死木包括枯立木和枯倒木两类，其碳储量根据不同腐烂等级（见 1.6.1.4 节），以木材的体积、密度以及相应的碳含量计算得到：

$$C_{\mathrm{DW}} = \sum_{i=1}^{n}\sum_{j=1}^{3}(V_{i,j} \times D_{i,j} \times C_{i,j}) \tag{1-11}$$

式中，C_{DW} 为样方中枯死木的碳储量；$V_{i,j}$ 为第 i 个树种（组）的腐烂等级为 j 的枯死木的体积（$\mathrm{m^3/hm^2}$），$j = 1$，2，3，分别表示轻度、中度和重度分解；$D_{i,j}$ 为第 i 个树种（组）腐烂等级为 j 的枯死木的木材密度（$\mathrm{t/m^3}$）；$C_{i,j}$ 为第 i 个树种（组）腐烂等级为 j 的枯死木的含碳率（%）。

采用式（1-11）分别计算出枯死木和枯倒木的碳储量，二者加和后，根据样地面积换算为碳密度（$\mathrm{t\ C/hm^2}$）。

1.8.1.6 植被碳密度

森林生态系统的植被碳密度即为上述方法得到的各层次碳密度之和。

1.8.2 其他生态系统

其他生态系统类型只是没有乔木层等群落层次，各群落层次碳密度的计算原理同森林的相应层次。

1.9 区域植被碳库估算

区域碳库（或碳储量）的计算主要是将基于样地所测定的碳密度通过尺度推演到区域乃至全国尺度。

1.9.1 森林生态系统

1.9.1.1 平均碳密度法

平均碳密度法是根据某一群落类型的面积乘以植被碳密度得到区域植被碳储量。对于森林生态系统，即使同一林型的植被碳密度也因林龄、干扰、气候的不同而有巨大差异，因此需进一步划分地区、林龄级进行计算：

$$C_{\mathrm{F}} = \sum_{k=1}^{k}\sum_{i=1}^{i}\sum_{j=1}^{j}(C_{k,i,j} \times A_{k,i,j}) \tag{1-12}$$

式中，C_{F} 为区域乃至全国的植被总碳储量。$C_{k,i,j}$ 为第 k 个地区第 i 种森林类型的第 j 个林龄级的平均植被碳密度（$\mathrm{t\ C/hm^2}$），即乔、灌、草、凋落物等各层的碳密度之和（1.8.1.5 节）。$A_{k,i,j}$ 为第 k 个地区第 i 种森林类型的第 j 个林龄级的森林面积（$\mathrm{hm^2}$）。

1.9.1.2　生物量转换因子法

生物量转换因子（biomass expansion factor，BEF）法，又称材积源生物量法。该方法不仅可以计算样方的乔木层生物量，更是一种尺度转换方法，是目前在大尺度上利用森林资源清查资料估算森林植被碳库最为精确的方法。

我国的森林资源清查资料，一般都会以省（区）、市、县为单位统计出每种森林类型的总蓄积量。但也可利用林分生物量和蓄积量之间的密切关系（表 1-3），估算出某一区域的森林生物量，然后乘以 50%的碳密度得到森林碳储量：

$$B = a + b \times V \tag{1-13}$$

式中，B 为林分生物量（t/hm^2），V 为林分蓄积量（m^3/hm^2）。

我国主要森林类型 BEF 的方程参数见表 1-3。在估算尺度较小时[如某一省（区）]，为提高生物量估算精度，可按前述方法测定不同森林类型的样地生物量和蓄积量数据，以及从文献中收集数据，自行建立 BEF 方程。

表 1-3　中国主要森林类型 BEF 方程参数表（Fang et al.，2014）

森林类型	方程参数：BEF = $a + b/x$			
	a	b	n	R^2
云杉、冷杉林	0.5519	48.861	24	0.78
杉木林	0.4652	19.141	90	0.94
柏木林	0.8893	7.396	19	0.87
落叶松林	0.6096	33.806	34	0.82
红松林	0.5723	16.489	22	0.93
华山松林	0.4581	32.666	10	0.78
马尾松、云南松林	0.5034	20.547	51	0.87
樟子松林	1.1120	2.695	15	0.85
油松林	0.8690	9.121	112	0.91
其他松和针叶林	0.5292	25.087	18	0.86
铁杉、柳杉、油杉林	0.3491	39.816	30	0.79
针阔叶混交林	0.8136	18.466	10	1.00
桦树林	1.0687	10.237	9	0.70
木麻黄林	0.7441	3.238	10	0.95
落叶栎林	1.1453	8.547	12	0.98
桉树林	0.8873	4.554	20	0.80
常绿阔叶林、照叶树林	0.9292	6.494	23	0.83
常绿、落叶阔叶混交林	0.9788	5.376	32	0.93
刺槐等人工林	1.1783	5.558	17	0.95
杨树林	0.4969	26.973	13	0.92
热带森林	0.7975	0.420	18	0.87

1.9.2　灌丛、草地生态系统

灌丛、草地等生态系统的区域植被碳库估算一般采用平均碳密度和遥感估算法。平均碳密度法原理同 1.9.1.1 节，只是不用划分龄级等。

遥感估算法

在较大的尺度上，遥感植被指数如归一化植被指数（NDVI）等和灌丛、草地地上生物量之间有着较好的关系（如图 1-11），可据此对区域植被碳库进行估算。常用的植被指数公式见表 1-4。一般的估算步骤为以下几点。

（1）利用遥感植被图、1∶100 万中国植被图、中国草地类型图、土地利用图等电子图件提取各种灌丛、草地类型的分布图。

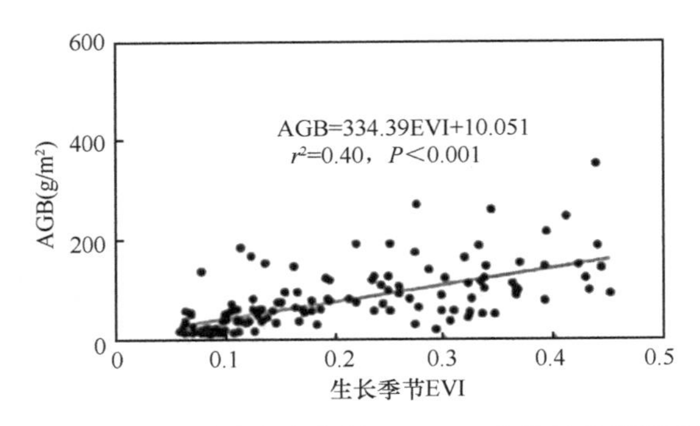

图 1-11 青藏高原草地地上生物量（AGB）和生长季增强植被指数（EVI）之间的关系（Yang et al.，2009）

表 1-4 估算植被碳储量的常用植被指数

植被指数	公式
归一化植被指数（normalized difference vegetation index，NDVI）	$\frac{NIR-RED}{NIR+RED}$
植被指数（difference vegetation index，DVI）	$NIR-RED$
比值植被指数（ratio vegetation index，RVI）	NIR/RED
土壤修正植被指数（soil adjusted vegetation index，SAVI）	$\frac{(NIR-RED)(1+L)}{(NIR+RED+L)}$

注：NIR. 近红外波段（near-infrared）反射；RED. 红光波段；L. 土壤调节系数

（2）对于每种灌丛、草地类型的样方，随机抽取 20%的样方用于模型校验，其余 80%样方用于建模。

（3）对于各灌丛、草地类型，利用建模样方的经纬度数据提取调查同期的植被指数值；建立植被指数等与地上生物量的关系。一般来说生长季植被指数与生物量的关系要好些。根据样方地上、地下生物量的相关生长关系，进一步建立植被指数与地下生物量的关系。

（4）采用校验样方对模型进行校验，校验通过后方可用于区域碳库估算。

（5）根据上述模型，利用灌丛、草地类型分布图和 NDVI 等植被指数数据，估算区域植被碳库。

1.9.3　城市生态系统

城市生态系统中城市植被主要由人为设计，林龄差异较大，植被组成的空间异质性极大；同时，城市植被的组成和碳密度除气候因素，还受人为设计和维护需要而采取的外来物种引入的影响。因此，平均碳密度法在城市生态系统的碳库估算中应用性较弱，故而一般采用遥感估算法。目前遥感估算法主要分为基于城市森林类型图和基于遥感植被指数等方法进行碳库估算。

1.9.3.1　森林类型法

森林类型法的一般步骤如下。

1）遥感解译得到城市植被类型图

应基于高分辨率遥感影像解译得到的城市森林类型图，如 SPOT、QuickBird、Worldview 等卫星遥感数据，中尺度空间分辨率的遥感数据（Landsat）不适用于城市生态系统；利用面向对象法对遥感影像进行分类，以提高分类精度。另外，基于像素分类方法得到的分类结果存在“椒盐现象”，即斑块较破碎，高分辨率遥感影像中同一地物类别的内部异质性增大，而面向对象法分类得到的斑块规整，利于后续数据矢量化和空间分析。

面向对象法对城市植被进行分类常用软件为 eCognition，软件的具体操作可参考科学出版社出版的《eCognition 数字图像处理方法》（刘家福等，2017）。关键步骤如下。

（1）影像分割：面向对象法对植被进行分类的基本单元是对象（object），由分割遥感影像得到。分割得到的对象是由若干同质像素组成，分割参数的设置包括尺度参数、形状参数、紧凑度、遥感影像各波段的权重设置等。尺度参数决定了生成的对象的最大允许异质性，尺度越大，允许的异质性越大。影像分割需要根据影像的地物信息确定各项参数，最优的分割结果是生成的对象与地物信息轮廓吻合。在设置分割参数时尽可能多利用高分辨影像的光谱信息。

（2）计算对象特征：常用的对象特征主要有光谱特征（如平均值、亮度）、几何特征（如长宽比、形状指数）、归一指数特征（如归一化植被指数、归一化水体指数）等。

（3）样本选择：在高分辨率影像上对每个分类类别选取一档数量的样本对象作为训练样本，样本应结合地物的解译标识进行准确的选取，并根据分类的初始结果优化所选样本，直至分类结果达到分类要求。

（4）最邻近分类：面向对象对植被进行分类时，有的地物类别通过一种或几种特征都无法很好地提取，需要利用隶属度函数，把多项特征值范围转换至统一特征范围，构建并优化多维特征空间，并进一步计算其最小距离，进行地物类别的判断。与传统的监督分类法相比，最邻近分类法需要选取的样本较少。

（5）城市生态系统中的森林土地覆被类型制图：城市区域的植被可分为森林、草地、农田等，森林类型可根据高分辨率遥感影像质量进一步划分为具体的某种森林，可根据调查需要，在 ArcMap 软件中制图和计算所需的植被覆被类型的空间信息。

（6）精度评价：利用谷歌（Google）地球专业版提供的航片和照片，以及野外采点数据进行精度评价，土地利用监测的精度要求可参考 Foody（2002）。

2）林分调查

林分调查方法同 1.6.6 节。

3）BEF 法估算林分生物量

估算方法同 1.9.1.2 节。由于目前尚缺乏针对城市生态系统的 BEF 方程，因此碳库估算时参考与研究区森林类型相同的已发表的自然生态系统 BEF 方程，如 1.9.1.2 节中的表 1-3。

4）区域城市植被碳库估算

区域内某一类型森林的生物量由遥感解译得到的该类型森林面积和平均生物量计算得到，区域城市植被生物量由该区域内所有类型森林的生物量加和得到。

1.9.3.2 遥感植被指数法

基于遥感植被指数估算区域城市植被碳库的方法与自然生态系统遥感估算（如 1.9.2 节）基本原理相同，但需注意城市生态系统的特殊性。

（1）遥感植被指数的选择应考虑复杂的城市下垫面结构，对植被指数进行修正，例如 1.9.2 节表 1-4 中考虑土壤背景的土壤修正植被指数（SAVI），可根据城市下垫面特征对公式中系数 L 的大小进行调整。

（2）基于高分辨遥感影像提取的植被指数 NDVI 饱和现象在城市区域仍然存在，数据处理时应注意饱和阈值，过饱和值不参与生物量与植被指数关系模型的构建，或采用改进的植被指数进行估算。例如重归一化植被指数（RDVI）、改进的简单比值植被指数（MSR）（Chen，1996），以及改进的土壤修正植被指数（MSAVI）（Qi et al.，1994），在保证对植株生物量敏感性的前提下可减少饱和现象。

（3）举例已发表的植被指数与城市植被碳密度关系模型如表 1-5，关系模型的确定应综合考虑模型的相关系数和模型的生态学意义。

表 1-5 植被指数（x）与城市植被碳密度（y）关系模型（引自 Yao et al.，2015）

植被指数	模型	R^2
归一化植被指数（NDVI）	$y = 6\,445.014x^{2.390}$	0.71
植被指数（DVI）	$y = 7\,409.621x - 323.655$	0.67
比值植被指数（RVI）	$y = 129.123x^2 + 1\,270.074x - 1\,416.890$	0.68
土壤修正植被指数（SAVI）	$y = 14\,803.013x^{2.261}$	0.69
改进的土壤修正植被指数（MASVI）	$y = 14\,803.013x^{2.261}$	0.68
重归一化植被指数（RDVI）	$y = 17\,050.833x^{2.280}$	0.69

参 考 文 献

方精云, 王襄平, 沈泽昊, 唐志尧, 贺金生, 于丹, 江源, 王志恒, 郑成洋, 朱江玲, 郭兆迪. 2009. 植物群落清查的主要内容、方法和技术规范. 生物多样性, 17: 533-548.
林鹏, 等. 1990. 福建植被. 福州: 福建科学技术出版社.
刘家福, 刘吉平, 姜海玲. 2017. eCognition 数字图像处理方法. 北京: 科学出版社.
刘琪璟, 孟盛旺, 周华, 周光, 李园园. 2017. 中国立木材积表. 北京: 中国林业出版社.
罗云建, 王效科, 逯非. 2015. 中国主要林木生物量模型手册. 北京: 中国林业出版社.
孟宪宇. 2006. 测树学. 北京: 中国林业出版社.
生态系统固碳项目技术规范编写组. 2015. 生态系统固碳观测与调查技术规范. 北京: 科学出版社.
宋永昌. 2001. 植被生态学. 上海: 华东师范大学出版社.
王国宏, 方精云, 郭柯, 谢宗强, 唐志尧, 沈泽昊, 王仁卿, 王襄平, 王德利, 强胜, 于丹, 彭少麟, 达良俊, 刘庆, 梁存柱. 2020. 《中国植被志》研编的内容与规范. 植物生态学报, 44: 128-178.
谢宗强, 唐志尧, 赵常明, 徐文婷, 方精云. 2015. 灌丛生态系统固碳研究的野外调查与室内分析技术规范. In: 生态系统固碳项目技术规范编写组. 生态系统固碳观测与调查技术规范. 北京: 科学出版社.
中国科学院中国植被图编委会. 2007. 中华人民共和国植被图(1: 1 000 000). 北京: 地质出版社.
周国逸, 尹光彩, 唐旭利, 温达志, 刘昌平, 旷远文, 王万同. 2018. 中国森林生态系统碳储量-生物量方程. 北京: 科学出版社.
Brown J H, Gillooly J F, Allen A P, Savage V M, West G B. 2004. Toward a metabolic theory of ecology. Ecology, 85: 1771-1789.
Chen J. 1996. Evaluation of vegetation indices and a modified simple ratio for boreal applications. Canadian Journal of Remote Sensing, 22: 229-242.
Fang J, Guo Z, Hu H, Kato T, Muraoka H, Son Y. 2014. Forest biomass carbon sinks in East Asia, with special reference to the relative contributions of forest expansion and forest growth. Global Change Biology, 20: 2019-2030.
Fang J Y, Chen A P, Peng C H, Zhao S Q, Ci L J. 2001. Changes in forest biomass carbon storage in China between 1949 and 1998. Science, 292: 2320-2322.
Foody G M. 2002. Status of land cover classification accuracy assessment. Remote Sensing of Environment, 80: 185-201.
IPCC. 2003. Good Practice Guidance for Land Use, Land-Use Change and Forestry. Hayama: IPCC/IGES.
IPCC. 2007. Climate change 2007: synthesis report. Contribution of Working Groups I, II and III to the Fourth Assessment Report of the Intergovernmental Panel on Climate Change. Cambridge: Cambridge University Press.
Jo H-K, McPherson G E. 1995. Carbon storage and flux in urban residential greenspace. Journal of Environmental Management, 45: 109-133.
Le Quéré C, Raupach M R, Canadell J G, Marland G, Le QuéréC, Raupach M R, Canadell J G, Marland G, Bopp L, Ciais P, Conway T J, Doney S C, Feely R A, Foster P, Friedlingstein P, Gurney K, Houghton R A, House J I, Huntingford C, Levy P E, Lomas M R, Majkut J, Metzl N, Ometto J P, Peters G P, Prentice I C, Randerson J T, Running S W, Sarmiento J L, Schuster U, Sitch S, Takahashi T, Viovy N, van der Werf G R, Woodward F I. 2009. Trends in the sources and sinks of carbon dioxide. Nature Geoscience, 2: 831-836.
Liu C, Li X. 2012. Carbon storage and sequestration by urban forests in Shenyang, China. Urban Forestry & Urban Greening, 11: 121-128.
Luo Y, Wang X, Zhang X, Booth T H, Lu F. 2012. Root: shoot ratios across China's forests: Forest type and climatic effects. Forest Ecology and Management, 269: 19-25.

Milne R, Brown T A. 1997. Carbon in the vegetation and soils of Great Britain. Journal of Environmental Management, 49: 413-433.

Mokany K, Raison R J, Prokushkin A S. 2005. Critical analysis of root: shoot ratios in terrestrial biomes. Global Change Biology, 11: 1-13.

Nowak D J. 1994. Atmospheric carbon dioxide reduction by Chicago's urban forest. In: McPherson E G, Nowak D J, Rowntree R A. Chicago's Urban Forest Ecosystem: Results of the Chicago Urban Forest Climate Project. Radnor: USDA Forest Service General Technical Report NE-186: 83-94.

Nowak D J, Crane D E. 2002. Carbon storage and sequestration by urban trees in the USA. Environmental Pollution, 116: 381-389.

Nowak D J, Crane D E, Stevens J C, Hoehn R E. 2003. The Urban Forest Effects (UFORE) Model: Field Data Collection Manual. US Department of Agriculture Forest Service, Northeastern Research Station, Syracuse, NY.

Patenaude G L, Briggs B D J, Milne R, Rowland C S, Dawson T P, Pryor S N. 2003. The carbon pool in British semi-natural woodland. Forestry, 76: 109-119.

Qi J, Chehbouni A, Huete A R, Kerr Y H, Sorooshian S. 1994. A modified soil vegetation adjusted index. Remote Sensing of Environment, 48: 119-126.

Wang X P, Fang J Y, Zhu B. 2008. Forest biomass and root-shoot allocation in northeast China. Forest Ecology and Management, 255: 4007-4020.

Yang Y H, Fang J Y, Pan Y D, Ji C J. 2009. Aboveground biomass in Tibetan grasslands. Journal of Arid Environments, 73: 91-95.

Yao Z, Liu J, Zhao X, Long D, Wang L. 2015. Spatial dynamics of aboveground carbon stock in urban green space: a case study of Xi'an, China. Journal of Arid Land, 7: 350-360.

Zhu B, Wang X P, Fang J Y, Piao S L, Shen H H, Zhao S Q, Peng C H. 2010. Altitudinal changes in carbon storage of temperate forests on Mt Changbai, Northeast China. Journal of Plant Research, 123: 439-452.

附录 1　野外调查和室内测定表格

附表 1-1　植物群落样方基本信息表

样方编号		群落类型		样方面积	
调查地点	省　县　乡　村				
具体位置描述：					
植被型组		地形地貌	（ ）山地（ ）洼地（ ）丘陵（ ）平原（ ）高原		
纬度		坡位	（ ）谷地（ ）平地（ ）下坡（ ）中坡（ ）上坡（ ）山顶		
经度		起源	（ ）原生（ ）次生（ ）人工		
海拔		干扰程度	（ ）无干扰（ ）轻微（ ）中度（ ）重度干扰		
坡向		演替阶段	（ ）早期（ ）中期（ ）晚期		
坡度		水分状况	（ ）干燥（ ）中生（ ）湿润（ ）淹水		
土壤类型		土壤质地	（ ）砂土（ ）砂壤土（ ）壤土（ ）黏土		
林龄		季相	（ ）常绿（ ）落叶（ ）混交	群落剖面图：	
垂直结构	层高（m）	盖度（%）	优势种		
乔木层					
亚乔木层					
灌木层					
草本层					
调查人					
备注		调查日期			

注：（1）植被型组，在如下类别中选一填入：1. 针叶林；2. 针阔叶混交林；3. 阔叶林；4. 灌丛；5. 荒漠；6. 草原；7. 草丛；8. 草甸；9. 沼泽；10. 高山植被；11. 城市植被；

（2）坡位：以 S30°E（南偏东 30 度）的格式记录；

（3）非森林群落可删除没有的项目，并增加项目以适应需要。

附表 1-2　乔木层调查表

样方号			调查人					调查日期	/ /	
地点									页数	/
样格号	树号	树种	胸径（cm）		树高（cm）	冠幅（m）		坐标（m）		备注
			前期	当期		EW	SN	x	y	

注：（1）每样格树号重新起头从 1 开始，如 B01。复查时，进阶木填在上次所有样方之后，并在每样格内继续向下编号；

（2）坐标：每个样格以左下为原点（样地原点为样格 A 左下角）测量，样地长边为 x 轴，短边为 y 轴。

附表 1-3 灌木层调查表

表 1-3-1 灌木层调查表（类型 A 和 C）　　调查类型：

样方号		调查人				调查日期	/ /	
地点							页数	/
样格号	物种	基径（mm）	高（m）	冠幅 a（m）	冠幅 b（m）	株数	盖度（%）	备注

注：（1）调查类型：填写 A 或 C（详见规范），类型 C 可不测定基径；

（2）每个样格第一行在盖度栏记录样格灌木层总盖度；

（3）森林样方：在两个灌木样格调查完后，对其他样格逐一进行踏查，并记录新出现物种的样格号、种名。

表 1-3-2 灌木层调查表（类型 B）

样方号		调查人				调查日期	/ /	
地点							页数	/
样格号	物种	高度级	平均高（m）	平均基径（cm）	平均冠幅（m）	株（丛）数	盖度（%）	备注

注：（1）高度级：以实测高度范围表示（如 0.5～1 m，1～1.5 m）；

（2）每个样格第一行在盖度栏记录样格灌木层总盖度；

（3）森林样方：在两个灌木样格调查完后，对其他样格逐一进行踏查，并记录新出现物种的样格号、种名。

附表 1-4 草本层调查表

样方号		调查人			调查日期	/ /
地点					页数	/
小样方号	物种	盖度（%）	平均高度（m）	多度	样方总盖度（%）	备注

注：（1）“多度”按德氏（Drude）多度等级记录：极多记 soc；很多记 cop3；多记 cop2；尚多记 cop1；不多记 sp；稀少记 sol；仅 1 株记 un；

（2）在 5 个草本小样方调查完后，森林样方对 A～J 各样格逐一进行踏查，并记录未在 5 个 1 m×1 m 小样方中出现的物种的样格号、种名；灌木、草本样方也需对 10 m×10 m 样方剩下部分踏查、记录新出现的种名。

附表 1-5　灌木生物量方程调查表（类型 A 和 C）　　调查类型：

样地号		群落类型				调查日期	/ /	调查人				
物种	株序号	基径（m）	株高（m）	冠幅 a（m）	冠幅 b（m）	器官	总鲜重（g）	样品鲜重（g）	样品干重（g）	干重率（%）	总干重（g）	备注

注：（1）调查类型：填写 A 或 C，类型 C 可不测定基径；
（2）群落类型：按附表 1-1 要求填写；
（3）器官：叶、枝、干、茎、根中选一。

附表 1-6　灌木、草本、凋落物层生物量收获调查表

样地号				群落类型			
调查人				调查日期	/ /		
层次	小样方号	器官	总鲜重（g）	样品鲜重（g）	样品干重（g）	干重率（%）	总干重（g）

注：（1）层次："灌木层、草本层、凋落物层"选一；
（2）小样方号：按规范中图 1-1 或图 1-3 的方位填写；
（3）器官：灌木层填写叶、茎、根之一；草本层填地上或地下；凋落物层填枝或其他。

附表 1-7　根钻法地下生物量调查表

样方号		调查人				调查日期	/ /	
地点								
经度		纬度		海拔		根钻直径（cm）		
小样方号	深度（cm）	活根			死根			混合根钻数
		总鲜重（g）	样品鲜重（g）	样品干重（g）	总鲜重（g）	样品鲜重（g）	样品干重（g）	
	0～10							
	10～20							
	20～30							
	30～50							
	50～70							
	70～100							
	0～10							
	10～20							
	20～30							
	30～50							
	50～70							
	70～100							

附表 1-8　标准木生物量测定表

样方号		调查人				调查日期	/ /
地点							
经度		纬度		海拔		群落类型	
树种		径阶（cm）		树号		胸径（cm）	
冠幅 a(m)		冠幅 b（m）		树龄（年）		活枝下高(m)	
	树高	1/4 树高	1/2 树高	3/4 树高	备注：		
高度（m）							
直径(cm)	—						

	总鲜重(kg)	总干重（g）	样品编号	鲜重（kg）	干重（kg）	干重率（%）	备注
树叶							
大枝（> 20 cm）							
中等枝（5～20 cm）							
小枝（< 5 cm）							
枝合计	—		—	—	—	—	
树桩							
粗根（> 5 cm）							
中根（2～5 cm）							
细根（< 2 cm）							
根合计	—		—	—	—	—	
树干区分段	总鲜重(kg)	总干重（g）	圆盘	鲜重（kg）	干重（kg）	干重率（%）	
1.3 m			0 号				
			1 号				
2.3 m 或 3.3 m			2 号				
……			3 号				
……			4 号				
……			……				
……			……				

注：（1）1/4、1/2、3/4 树高下分别填写相应高度和该处的树干直径；

（2）径阶：填写径阶的胸径范围；

（3）树高小于 15 m 的采用 1 m 区分段；大于 15 m 的采用 2 m 区分段。

附表 1-9　森林生态系统粗木质残体腐烂等级分类标准（引自林业行业标准 LY/T 1952—2011：《森林生态系统长期定位研究方法》）

类型	特征	腐解等级				
		1	2	3	4	5
枯立木	树叶	存在	无	无	无	—
	树皮	紧密	疏松	部分存在	无	—
	树冠，树枝	都存在	仅大枝存在	仅大枝存在	无	成为倒木
	树身	刚死亡	站立，坚固	站立，腐烂	严重腐烂，松散	—
	间接手段	形成层新鲜，死亡不足 1 年	开始腐解，刀片可刺进数毫米	刀片可刺进 2 cm	刀片可刺进 2～5 cm	可以任意刺穿形成层
枯倒木	结构完整性	完好	边材腐烂，心材完好	边材消失，心材完好	心材已腐烂	变软
	树叶	存在	无	无	无	无
	树枝	小枝完全存在	大枝存在	大粗枝存在	枝脱落节存在	无
	树皮	存在	存在	大部分存在	大部分脱落	无
	主干形状	圆形	圆形	圆形	圆形至卵形	卵形至扁形
	木质	坚实	坚实	半坚实	部分变软	粉碎至粉末
	木质颜色	原色	原色	原色至褪色	原色至褪色	严重褪色
	与地面位置	被某点抬高	被某点抬高	接近地面	整体落在地面	整体在地面
	被根侵入	无	无	边材区域	入侵全部	入侵全部
	植物生长	无	少量植物生长	少量灌木、幼苗、苔藓	灌木、苔藓和大树	—
	间接手段	形成层新鲜，死亡不足 1 年	开始腐解，刀片可刺进数毫米	刀片可刺进 2 cm	刀片可刺进 2～5 cm	刀片可任意刺穿形成层
根桩	间接手段	形成层新鲜，死亡不足 1 年	开始腐解，刀片可刺进数毫米	刀片可刺进 2 cm	刀片可刺进 2～5 cm	刀片可任意刺穿形成层

附表 1-10　农田生态系统作物生物量野外调查记录表

农田生态系统作物生物量野外调查记录（1）

样方编号		调查日期	年　月　日	调查人		
调查地点	省（市）县（市、区）镇（乡）村					
田块现状	旱地□　水田□		田块大小	长（　）m，宽（　）m		
土壤性状	土壤类型			耕层厚度（cm）		
当前作物	水稻□　小麦□　玉米□　油菜□　大豆□　棉花□　其他（　　）					
定位资料	纬度（°）		经度（°）		海拔（m）	
	坡向		坡度（°）			
被调查人信息	农户姓名			联系方式		
	家庭住址					
	人口数（人）			耕地面积（亩）		
地形地貌	山地□　洼地□　丘陵岗地□　平原□　高原□　盆地□　其他（　　）					
部位	顶部□　上坡□　中坡□　下坡□　底部□　其他（　　）					
耕作方式	传统耕作□　旋耕□　深松□　平作□　翻耕□　免耕□　垄作□　退耕休闲□　其他（　）					
灌溉情况	灌溉方式	沟灌□　畦灌□　淹灌□　漫灌□　喷灌□　滴灌□　其他（　　）				
	灌溉水源	河灌□　渠灌□　井灌□　降水□　污灌□　池塘水库□　其他（　　）				
农作物种植情况	作物类型/品种		播种时间	收割时间		产量/（kg/亩）
轮作制度	单季稻□　单季玉米□　单季小麦□　单季大豆□　水稻/水稻□　水稻/小麦□　水稻/油菜□　小麦/玉米□　其他（　　）					

农田生态系统作物生物量野外调查记录（2）

<table>
<tr><td rowspan="6">施肥状况</td><td></td><td>种类</td><td>施肥方式</td><td colspan="2">施肥深度</td><td>施用量（kg/亩）</td><td colspan="2">施用时间</td></tr>
<tr><td rowspan="2">有机肥</td><td></td><td></td><td colspan="2"></td><td></td><td colspan="2"></td></tr>
<tr><td></td><td></td><td colspan="2"></td><td></td><td colspan="2"></td></tr>
<tr><td rowspan="3">化肥</td><td></td><td></td><td colspan="2"></td><td></td><td colspan="2"></td></tr>
<tr><td></td><td></td><td colspan="2"></td><td></td><td colspan="2"></td></tr>
<tr><td></td><td></td><td colspan="2"></td><td></td><td colspan="2"></td></tr>
<tr><td>样方位置草图</td><td colspan="8">（画出样点在田块中的位置及播种方式）</td></tr>
<tr><td colspan="2">播种方式</td><td colspan="7">条播□　点播□　撒播□　沟播□　精量播种□　其他（　　）</td></tr>
<tr><td colspan="2">播种间距</td><td colspan="2">行距（cm）</td><td></td><td>株距（cm）</td><td colspan="3"></td></tr>
<tr><td colspan="2" rowspan="11">样方信息</td><td>长度（cm）</td><td></td><td>宽度（cm）</td><td></td><td>深度（cm）</td><td colspan="2"></td></tr>
<tr><td colspan="2"></td><td>样方1</td><td>样方2</td><td colspan="3">样方3</td></tr>
<tr><td colspan="2">样方编号</td><td></td><td></td><td colspan="3"></td></tr>
<tr><td colspan="2">样方面积</td><td></td><td></td><td colspan="3"></td></tr>
<tr><td colspan="2">作物株数</td><td></td><td></td><td colspan="3"></td></tr>
<tr><td colspan="2">秸秆总鲜重（kg）</td><td></td><td></td><td colspan="3"></td></tr>
<tr><td colspan="2">秸秆总干重（kg）</td><td></td><td></td><td colspan="3"></td></tr>
<tr><td colspan="2">籽粒总鲜重（kg）</td><td></td><td></td><td colspan="3"></td></tr>
<tr><td colspan="2">籽粒总干重（kg）</td><td></td><td></td><td colspan="3"></td></tr>
<tr><td colspan="2">根系总鲜重（kg）</td><td></td><td></td><td colspan="3"></td></tr>
<tr><td colspan="2">根系总干重（kg）</td><td></td><td></td><td colspan="3"></td></tr>
<tr><td colspan="2">备注</td><td colspan="7"></td></tr>
</table>

注：施肥方式在如下类别中选一填入：1. 撒施后耕翻；2. 条施；3. 穴施；4. 其他（　　）。

农田生态系统作物生物量野外调查记录（3）

<table>
<tr><td rowspan="9">样方信息</td><td colspan="2">田块中样点位图</td><td colspan="3">（画出样点在田块中的位置及播种方式）</td></tr>
<tr><td colspan="2">播种方式</td><td colspan="3">条播□　点播□　撒播□　沟播□　精量播种□　其他（　　）
垄作□，垄距（　　）cm，每垄（　　）行；平作□</td></tr>
<tr><td colspan="2">行距（cm）</td><td></td><td>株距（cm）</td><td></td></tr>
<tr><td colspan="2"></td><td>样方 1</td><td>样方 2</td><td>样方 3</td></tr>
<tr><td colspan="2">样方编号</td><td></td><td></td><td></td></tr>
<tr><td rowspan="3">样方大小</td><td>长度（cm）</td><td></td><td></td><td></td></tr>
<tr><td>宽度（cm）</td><td></td><td></td><td></td></tr>
<tr><td>深度（cm）</td><td></td><td></td><td></td></tr>
<tr><td colspan="2">样方中作物株数</td><td></td><td></td><td></td></tr>
<tr><td>备注</td><td colspan="5"></td></tr>
</table>

附表 1-11　浮水植物群落调查表

样方号		调查人		调查日期	
地点				页数	
小样方号	物种	次数	株数	金属针触及高度（cm）	备注

附表 1-12　沉水植物群落调查表

样方号		调查人		调查日期	
地点				页数	
小样方号	物种	株数		Braun-Blanqquet 多盖度等级	备注

第 2 章　陆地生态系统土壤碳储量调查规范

引　　言

土壤是陆地生态系统最大的碳库，全球陆地生态系统超过 80%的碳存储于土壤。准确估算区域土壤碳储量变化对于认识碳循环过程，指导制定科学合理的陆地生态系统碳管理措施具有重要意义。然而，我国目前还缺乏系统的土壤碳储量调查规范，尤其是深层土壤取样调查以及一些新技术新方法的运用。本规范即在此背景下制定，为我国陆地生态系统土壤碳储量测定与评估提供一个相对规范化的方法和操作指南。

2.1　总　　论

2.1.1　适用范围

本规范适用于我国陆地生态系统（森林、灌丛、草原、荒漠、湿地、农田和城市）土壤碳储量调查，规范的细则主要针对土壤碳储量的野外调查，包括样点布设、样地设置、样方调查、样品采集运输保存和实验室分析以及数据集成分析汇总等。

本规范不适用于水生生态系统土壤碳储量的测定。

2.1.2　主要术语

土壤：指位于陆地表层能够生长植物的疏松多孔物质层及其相关自然地理要素的综合体。

土壤分类：依土壤性质与量的差异，系统划分土壤类型及其分类级别，拟出土壤分类系统。

土壤容重:：指土壤在未受到破坏的自然结构的情况下，单位体积（包括土粒和孔隙）中的重量。

砾石：土壤中砾石根据其尺寸和外形在不同的分类系统中有不同的定义，通常认为直径＞2 mm，相对独立、不易破碎的矿物质颗粒为砾石。

土壤含水量：在 105℃条件下烘干至恒重过程中所蒸发出水的质量与土壤干重的百分比（%）。

土壤质地：指土壤中各粒级（黏粒、粉粒、砂粒）占土壤重量的百分比组合。目前世界各国有不同的土壤粒级的划分标准：卡庆斯基制土粒分级、美国土壤质地分类制、国际制、中国土壤质地分类制。在国际制中，根据黏粒含量将质地分为三类即：黏粒含量小于 15%为砂土类、壤土类；在 15%～25%为黏壤土类；大于 25%为黏土类。根据粉砂粒含量，凡粉粒含量大于 45%的，在质地名称前冠“粉砂质”；根据砂粒含量，凡砂粒含量大于 55%的，在质地名称前冠“砂质”。在 1949 年前，我国大都采用国际制或美国制的土壤颗粒分级和质地分类标准；1949 年后，又比较普遍采用苏联 H. A. 卡庆斯基（H. A. Качинский）分类系统；通过 1958～1959 年全国土壤普查工作，虽然制定出了一套我国自己的颗粒分级及质地分类标准（中国科学院南京土壤研究所协作小组，1975），但至今未推广；近年来，随着国际交往增多，美国制分级分类标准在我国的使用日益广泛。即根据砂粒、粉粒、黏粒含量进行土壤质地划分。凡是黏粒含量大于 30%的土壤均划分为黏质土类，而砂粒含量大于 60%的土壤均划分为砂质土类。

土壤有机碳：包括植物、动物及微生物的遗体、排泄物、分泌物及其部分分解产物和土壤腐殖质。土壤有机碳的储量则是进入土壤的植物残体量及其在土壤微生物作用下分解损失量二者之间平衡的结果。

有关植被类型和群落调查相关术语参见第 1 章《陆地生态系统植被碳储量调查规范》。

2.1.3 引用规范文件

GB/T 17296 中国土壤分类与代码.
GB 15618—2018 土壤环境质量 农用地土壤污染风险管控标准.
GB/T 32740—2016 自然生态系统土壤长期定位监测指南.
GB/T 36199—2018 土壤质量 土壤采样程序设计指南.
潘贤章等. 2019. 陆地生态系统土壤观测指标与规范. 北京: 中国环境出版集团.
生态系统固碳项目技术规范编写组. 2015. 生态系统固碳观测与调查技术规范. 北京: 科学出版社.
鲍士旦. 2000. 土壤农化分析. 北京: 中国农业出版社.

2.2 样点布设

2.2.1 布设原则

样点布设过程中，需兼顾植被调查，综合考虑以下四个因素：植被类型、分布及复杂程度；土壤类型；系统性、代表性、可行性；地域特点与人为干扰。基于以上因素和研究目标来布设采样点。

2.2.2 布设方法

根据调查范围，确定划分原则，通常根据气候条件、地域特征、植被类型等划分片区。片区内通常依据植被和土壤的变异程度，以及地形和人为干扰活动强度确定样点布设的方法。

2.3 样方设置

2.3.1 样方选择原则

（1）应考虑群落类型、分布及复杂程度，在全面踏查所在地群落，并掌握区域内群落特点后，选出群落特征与立地条件一致的地段设置样方。

（2）土壤样方设置应选取土壤类型特征明显、地形相对平坦、稳定、植被良好的地点，不能跨越道路、河流等人造或自然构筑物，且必须设置在同一群落内，并应距群落边缘有一定距离；不在多种土类、多种母质母岩交错带且分布面积较小的边缘地区布设样方。

（3）样方应避免设在人为干扰较强的地方。如城镇、住宅、道路、沟渠、坟墓附近等处人为干扰大，不宜设采样点；另外样地离道路、铁路至少 300 m 以上，尽可能减少人为活动的影响。

2.3.2 样方采样设计

2.3.2.1 森林生态系统

根据气候条件基本一致、地域相邻、植被类型相似、植物种类分布趋同的原则，在全国范围内，将我国森林生态系统分为寒温带、温带针叶林与针阔叶混交林区，暖温带落叶阔叶林区，亚热带常绿阔叶林区，热带季雨林、雨林区，中西部温带植被区和青藏高原高寒植被区（生态系统固碳项目技术规范编写组，2015）。根据各片区植被类型分布特征及其变异程度，确定不同片区的样地数量和面积大小。在选择样地时，要充分考虑森林类型、林龄、优势树种、经营管理方式等因素，以保证选取的样地能够真实反映片区内森林资源的基本状况。具体样方设置方法参见第 1 章《陆地生态系统植被碳储量调查规范》。

2.3.2.2 草地生态系统

根据我国草地类型的分布特点，可将其分成七大片：东北中温带草地区、内蒙古中温带草地区、北方暖温带草地区、青藏高原高寒草地区、新疆草地区、蒙甘宁荒漠及沙地草地区、南方草丛/灌草丛草地区。在每个样地选择 100 m×100 m 区域进行取样调查，在其对角线上设置一条 100 m 样线，沿样线上设置 10 个 1 m×1 m 草本样方（生态系统固碳项目技术规范编写组，2015）。

2.3.2.3 灌丛生态系统（包括荒漠）

根据灌丛植被类型的区划特点，我国灌丛可划分三个片区：温带、暖温带落叶灌丛片区，热带、亚热带灌丛片区和西南山地灌丛片区。在有代表性的地段设置面积为 5 m×5 m 的样方。每个样地设置 3 个重复样方，重复样方边缘两两之间最小距离为 5 m，最大距离不超过 50 m。

2.3.2.4 沼泽湿地生态系统

根据水位梯度和地貌特征的不同，可以灵活选择样方或样带法进行调查。依据调查的空间尺度，设定 10 m×10 m 至 100 m×100 m 的方形大样地，其中均匀调查采集 1 m×1 m 样方 3～10 个（根据物种均一程度调整）。另外，也可根据水位梯度变化方向，沿水位梯度设置 100 m 的样线，沿样线上设置 1 m×1 m 调查样方。

2.3.2.5 农田生态系统

农田样方布设要求：对于一年两熟区，选择农田土壤面积最大类型的田块进行采样；对于一年一熟区，选择两种种植面积广的作物，在每种作物分布区选择农田土壤面积最大类型的代表性田块。田块面积一般不小于 1000 m^2。每个田块设 3 个重复样方（或在小区域范围内选择 3 块田块，每个田块设一个样方）。尽量选择不施或少施化肥、农药的地点作为采样点，即在作物收获后或播种前（上茬作物已经基本完成生育进程，下茬作物还没有施肥）采集，以使采样点尽可能少地受人为活动的影响。

2.3.2.6 城市生态系统

根据划分方式的不同，可以灵活选择样方进行调查。如根据不同土地利用类型的区划特点，可划分为六种类型：不透水表面、裸地、道旁绿地、公园绿地、单位附属绿地和小区绿地；根据不同植被配置模式，可划分为五种模式：乔草、灌草、乔灌草、草地和无植被；根据不同功能区，可划分为五种类型：工业区、商业区、居民区、文教区和休闲区。根据城市生态系统的异质性和不同的划分方式，可设置多种尺寸的样方（如 20 m×30 m、30 m×30 m 和 20 m×50 m），并对样方内乔木采用每木调查法，样方内灌丛和草地的测定则采用灌丛和草地生态系统的调查方法，并布设 3 个重复样方。

2.3.3 样方信息和命名

样地确定后，应根据 GPS 定位，记录所在地的经度、纬度、海拔、坐标起始方位点、坡位、坡向、坡度。注意记录 GPS 或轨迹仪中的样地和路径数据，方便复查样地；同时记录植被、土壤、干扰情况等信息；并对样地进行命名、拍照，记录能反映样地的地理、植被典型特征的视觉景象。

2.4 土壤调查与取样

2.4.1 取样方法

根据土壤样品采样要求，以及研究样地的面积大小和土壤的空间变异程度，参考国家标准《自然生态系统土壤长期定位监测指南》（GB/T 32740—2016），通常采用以下几种方法进行土壤样品采集。

1）简单随机划分

将采样地按照既定大小进行网格划分，以网格为样方；将样方按顺序编号后，采用随机抽样方法抽取一定量的号码，对应样方即为土壤监测的采样样方。草地、湿地、荒漠生态系统中，如地形平坦开阔，可沿长期采样地的一条对角线，按“S”形布置样方，相邻样方间距不应小于 20 m。农田生态系统一般按照“W”、“N”或“S”形布置采样点，每个采样点得到的样品进行混合得到混合样，一般采样点数不少于 10 个。

2）分区随机划分

该方法适用于土壤理化特征表现出较大空间异质性的采样地。基于采样地土壤背景调查资料进行分区，使得同一分区内土壤性状较为均匀。每个分区内采用随机抽样方法进行土壤样品采集（潘贤章等，2019）。

鉴于城市生态系统的复杂性，常根据土地利用类型（不透水表面、裸地、道旁绿地、公园绿地、单位附属绿地和小区绿地）、植被配置模式（乔草、灌草、乔灌草、草地和无植被）或功能区（工业区、商业区、居民区、文教区和休闲区）对研究区域进行分区，在每个分区内采用随机法划分和选择样方进行土壤检测采样。

3）系统网格法划分

该方法适用于地形复杂、土壤性状变化较大的采样地。如将 1 hm^2 样地划分为 25 个 20 m×20 m 的样方，再将每个 20 m×20 m 的样方分成 16 个 5 m×5 m 的小网格，在全部样方上选择相同编号的小网格进行土壤采样。

城市生态系统网格大小通常为 2 km×2 km，在每个网格内按照 NDVI 等级加权，在选取的样方（20 m×30 m、30 m×30 m 或 20 m×50 m）中按照“W”形选取其中的 5 个样格，使用土钻在每个小样格内进行土壤取样，每个钻点分层钻取土壤样品。

4）样线法划分

该方法适用于地形平坦，但土壤理化特征变异情况不明的长期采样地。通常设置几条等间隔的平行线，沿线每隔一定距离设置 10 m×10 m 样方，进行土壤样品采集。

5）高密度采样法

森林生态系统的土壤属性（包括土壤碳含量）空间异质性极高。即便是同一个地区，在气候和土壤母质基本同质的情况下，由于树木空间分布或者地形影响，土壤碳含量仍然表现出较高的空间异质性。通过增加土壤碳含量的采样密度，从而减小测量值与实际值误差，有效提升土壤碳储量评估的准确性。具体来说，将 20 m×20 m 的样方进一步划分为 100 个 2 m×2 m 的样格，使用土钻在每个样格进行土壤取样，每个钻点分层钻取土壤样品。另外，在样方对角线两端各挖掘一个土壤剖面，每个土壤剖面亦按照上述相同方法进行分层取样，每层进行 3 次重复的环刀（100 cm^3）取样用于土壤容重、土壤砾石含量和土壤湿度测定（Liu et al.，2019a）。

2.4.2 土壤调查

2.4.2.1 表层亚表层土壤采集

根据采样深度，土壤采样可分为表层、亚表层土壤采集和土壤剖面采集两种类型。通常，对于土壤表层（0～20 cm）或亚表层（20～40 cm），农田土壤可根据实际耕层或犁底层厚度采样。分别在样方 4 个角和中心部位采集表层土壤样品，混合均匀，用四分法将土壤样品缩分至 1 kg 左右（图 2-1），收集起来。对于亚表层土壤采用同样的步骤采集。

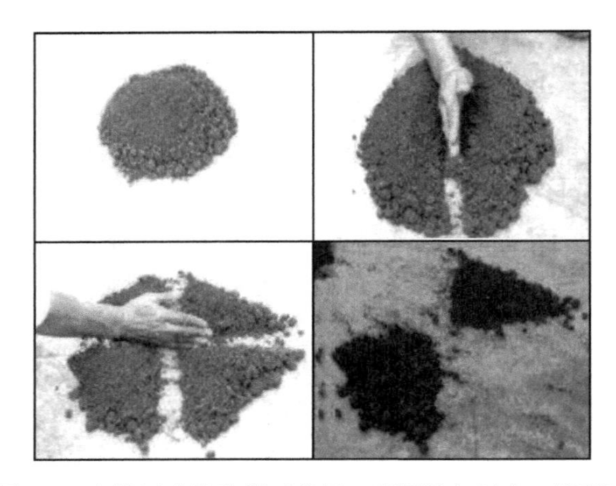

图 2-1 土壤四分法取样示意图（彩图请扫封底二维码）

2.4.2.2 土壤剖面采集

土壤剖面调查按土壤自然发生层观测，沿剖面采用环刀法分层采集土壤样品，测定土壤容重和砾石含量，采用土柱或土钻取样测定土壤有机碳含量、pH 及土壤营养元素含量等。具体步骤如下。

（1）在样方附近选择最具代表性的点进行土壤剖面挖掘，其深度通常为 1 m，不够 1 m 时挖至基岩为止，具体依实际情况而定。挖掘完成后将钢卷尺立于向阳剖面，并拍摄土层深度和土壤分层的图像（图 2-2，图 2-3）。记录照片信息并填至表格中。

（2）观察并描述土壤剖面特征，按照土壤自然发生层划分土层，确定土壤层边界，记录各层厚度，填写土壤调查内容至附表 2-1《土壤剖面调查表》。每个土壤发生层的土层深度，通常是指各个土层上下界所在的深度，以厘米为量度单位。因为大多数上下土层间的界限不是一条线，而是一条带，一般记载的是其平均数。再按上述层次分别采集土壤样品，除去非土壤物质后装袋带回实验室，风干，保留自然发生层土壤样品。装样时应剔除砾石部分及植物根系，表层土壤应该剔除枯枝落叶、根系等有机残体。

（3）在每个剖面中，按照 0～10 cm、10～20 cm、20～40 cm、40～60 cm、60～80 cm、80～100 cm 机械分层，用环刀取土壤样品，每层采集三个环刀样。环刀规格为 100 cm^3。将剖面观察面修平，垂直于观察面打入环刀，三个平行样环刀之间应隔开少许距离，不宜紧靠在一起。环刀样挖出后，两端削平，并将粘在环刀外壁的土壤清理干净。将三个

图 2-2　森林土壤剖面调查实例（拍摄者：蔡琼；拍摄地点：陕西汉中）（另见文后彩图）

图 2-3　城市土壤剖面调查实例（另见文后彩图）

平行环刀内的土样完全取出，装入一个密封塑料袋中，用于测量土壤容重、砾石含量和土壤含水率。另采用土柱或土钻取样，采取足够量土壤样品装入封口袋中，用于测量土壤有机质含量、pH 及土壤营养元素含量等。

（4）取样完成后将底土和表土按原层回填到采样坑中。

2.4.2.3 土壤光谱信息采集

由于土壤矿物学特性等能够影响土壤可见光-近红外波段的光谱反射特性，因此可利用土壤可见光-近红外光谱特征反演包括碳氮含量、质地和 pH 等在内的重要土壤属性（Viscarra Rossel et al.，2016）。近年来，得益于快速发展的数据挖掘技术，利用非线性模型反演土壤属性的准确性得到大幅提升（Viscarra Rossel and Behrens，2010；Jaconi et al.，2017）。

室内土壤样品光谱测定：采用风干且过筛（2 mm）的土壤样品进行土壤反射光谱测量。土壤样品放置在 6 cm 直径塑料托盘中，其中土壤样品厚度约为 1.5 cm，测量时表面刮平。使用光谱仪测定土壤反射光谱。例如采用型号为 ASD Trek 的光谱仪进行测量，该设备使用接触式探头，且内置光源和内置反射板，从而可以消除外源光线的影响，测量光谱波长范围为 350～2500 nm，在 700 nm 处的分辨精度为 3 nm，在 1400 nm、2100 nm 处的分辨精度为 10 nm。每次测量的重复扫描次数设定为 30 次以提高仪器信噪比，并计算其平均值作为该土壤样品光谱曲线（Liu et al.，2019b）。

光谱数据的前处理：首先去除噪音较大的 350～400 nm 及 2450～2500 nm，仅保留 400～2450 nm 波长；其次对光谱数据进行前处理和数据转化，包括针对光谱曲线的平滑处理以及光谱特征的主成分分析等；最后选取有代表性的土壤样品，完成光谱反演模型的构建、校正和验证，并利用决定系数（R^2）和均方根误差（RMSE）评价模型预测效果。

2.4.2.4 深层土壤采样

为了研究深层土壤属性及其响应机制，可以利用机械钻进行深层土壤（1～5 m）的采集。每个剖面按照 100～150 cm、150～200 cm、200～250 cm、250～300 cm、300～350 cm、350～400 cm、400～450 cm 和 450～500 cm 进行机械分层（Li et al.，2016；Ding et al.，2016）。每层取样方法同上。

2.4.3 特殊问题处理

2.4.3.1 土壤剖面砾石含量较高的类型

对砾石含量较多且分布不均匀的土壤剖面，在采取土壤环刀取样的同时，还应该详细分层记载各层砾石含量。

2.4.3.2 喀斯特地区的土壤采样

部分植被分布在石质山地和喀斯特地区，因土壤瘠薄、土壤分布不连续或无成层土壤，土壤环刀和土钻无法打入土体，这种情况下应使用土铲收集土壤并采样，并记录样地内的土壤深度、土壤表面积（以估算土壤体积）。同时因石质过多，无法使用环刀进行容重测定，则收集足够样品，轻轻填满土壤环刀以获取体积量，测定其总质量，并带回室内测定含水量，依此计算出样地内土壤干重（生态系统固碳项目技术规范编写组，2015）。

2.4.3.3　沼泽湿地的土壤采样

结合湿地和沼泽土壤处于长期淹水或是季节性淹水的特殊环境特点，土壤样品采集可根据具体湿地植被类型差异采用不同的采样方法。

对于常年积水沼泽湿地，地表植物残体丰富且分解缓慢，同时浓密的根系层交织在一起，土壤采样前需要记录地表积水深，然后用刀片小心地割断植物残体、根系等，采用土钻进行不同深度层次的土壤样品采集；测定常年积水沼泽湿地表层土壤容重时，由于湿地植物根系浓密、错综复杂的交织在一起，环刀无法打入，只能使用刀片挖取土样填满环刀，实验室内测定含水量，据此推算土壤容重。

对于季节性积水沼泽湿地，土壤样品的采集可以等到地表无积水，或是水位较低的时间进行采样，对土壤有机碳含量数据的获取没有影响。去除地表植物残体层后采用土钻法获得不同深度土层的土壤样品即可。土壤容重可通过环刀法测定。

2.4.3.4　农田生态系统土壤采样

采样时要首先清除表层的枯枝落叶，有植物生长的点位要首先除去植物及其根系。采样现场要剔除砾石等异物。要注意及时清洁采样工具，避免交叉污染。

每个采样点的取土深度及采样量应均匀一致，土样上层与下层的比例要相同。取样器应垂直于地面入土，深度相同。用取土铲取样应先铲出一个耕层断面，再平行于断面下铲取土；微量元素则需要用不锈钢或木制取土器采样；测量重金属的样品尽量用竹片或竹刀去除与金属采样器接触的部分土壤，再用其取样；采集挥发性、半挥发性有机物样品时，要防止待测物质挥发，注意样品满瓶不留空隙，低温运输和保存。

土壤剖面采样次序为自下而上，先采剖面的底层样品，再采中层样品，最后采上层样品。剖面每层样品采集 1 kg 左右，装入样品袋，样品袋一般由棉布缝制而成，如潮湿样品可内衬塑料袋（供无机化合物测定）或将样品置于玻璃瓶内（供有机化合物测定）。采样的同时，由专人填写样品标签、采样记录、监测项目、采样深度和经纬度。采样结束后，需逐项检查采样记录、样袋标签和土壤样品，如有缺项或错误，及时补充更正。采样结束后，将底土和表土按原层回填到采样坑中，方可离开现场，并在采样示意图上标出采样地点，避免下次在相同处采集剖面样品。

在测定土壤挥发性、半挥发性物质时，需要采集土壤新鲜样品，新鲜样品必须采集单独样品。一般用 250 ml 带有聚四氟乙烯衬垫的采样瓶采样，为防止样品沾污瓶口，可将硬纸板围成漏斗状，将样品装入样品瓶中，样品要装满样品瓶，且低温保存。

2.4.3.5　城市生态系统的土壤采样

城市生态系统中不透水层下的土壤难以获取，可根据道路整修、房屋重建等机会对不透水下土壤进行获取。另外，由于城市建设过程中常伴随砖石、垃圾等的填埋，造成了深层土壤的砖石化（图 2-4），土壤环刀和土钻有时无法打入，此时无法使用环刀进行容重测定，则收集足够样品，轻轻填满土壤环刀以获取体积量，测定其总重量，并带回室内测定含水量，依此计算出样地内土壤干重；如采样层全部为砖石，则标记此层土壤碳密度为 0。另外，为缓解因采样可能造成对城市居民的不便，应注意对采样地点进行回填。

图 2-4　样品采集中的砖石（彩图请扫封底二维码）

2.5　实验室分析

2.5.1　样品制备和保存

土壤样品运回实验室后，首先剔除明显可见的植物根、土壤动植物残体、石块等。环刀土样及理化样品在测定鲜重数据后，进行自然风干处理，注意翻动，避免土壤结块。风干土样用木棍压碎后经研磨过 2 mm 筛孔，供以后的 pH、元素分析测定使用。

2.5.2　土壤水分含量测定

采用烘干法测定土壤中所含的水分。将铝盒擦净，烘干冷却，称重。取土 15～20 g 装入已知重量的铝盒中，到室内称量，记录土壤样品的鲜重（mt），之后置于 105～110℃烘箱中烘 6～8 h 至恒重，然后测定土壤干重，记录为 ms。将数据记录在附表 2-2《土壤样品采集、测定表》中。

土壤水分含量（m）计算公式：

$$m = \frac{\mathrm{mw}}{\mathrm{ms}} \times 100\% \tag{2-1}$$

式中，mw 为土壤含水量，mw=mt−ms。

2.5.3　土壤 pH 测定

取过 2 mm 筛的风干土 10 g，加入 25 ml 除 CO_2 的去离子水（将去离子水煮沸冷却即得），剧烈振荡或搅动 2 min。静置平衡 30 min 后，用 pH 计插入土壤清液中读数，避免静置时间过长。

2.5.4　土壤容重、砾石含量测定

2.5.4.1　土壤容重

测定土壤容重通常采用环刀法，用一定容积的环刀切割代表性的原状土，使土样充满其中，称量后计算单位容积的烘干（105℃）土质量。将环刀土样放入烘箱中（注意烘干时样品容器需能够耐高温，如铝盒等），在 105℃±2℃下烘干 4 h，再在干燥器中冷却后称至恒量（精确至 0.01 g）。最后按下式计算土壤容重：

$$\rho_b = (m_2 - m_1)/V \quad (2\text{-}2)$$

式中，ρ_b 为土壤容量（g/cm^3）；m_1 为样品盒的质量（g）；m_2 为样品盒+烘干土质量（g）；V 为环刀容积（cm^3）。将土壤容重数据记录在附表 2-2《土壤样品采集、测定表》中。

2.5.4.2　砾石含量

使用容重测定后的土壤样品进行土壤砾石含量的测定。将环刀土壤样品过 2 mm 网筛。将筛除的砾石称重，记录砾石重量。用量筒测量环刀中砾石体积并记录。已知环刀体积，计算可知土壤中砾石比例，即土壤砾石含量。将砾石含量数据记录在附表 2-2《土壤样品采集、测定表》中。

2.5.4.3　土壤颗粒分布

称取过 2 mm 筛的风干土样 50.00 g 两份，分别置于 500 ml 锥形瓶中，加入 250 ml 去离子水，再根据土壤 pH 加入适量分散剂：酸性土壤加入 50 ml 0.5 mol/L 氢氧化钠溶液；中性土壤加入 50 ml 0.25 mol/L 草酸钠溶液；碱性土壤加入 60 ml 0.5 mol/L 多磷酸钠或六偏磷酸钠溶液。将上述土壤悬液充分混匀，于瓶口加一小玻璃漏斗，在电热板上加热至微沸，保持 1 h；加热过程中须不断搅拌，防止土粒沉积于瓶底而导致锥形瓶炸裂；沸腾后放置、冷却；将上述煮沸后的悬液充分混匀，用激光粒径分析仪测土壤颗粒分布。

2.5.5　土壤碳含量测定

2.5.5.1　土壤有机碳含量测定

植物和土壤全碳含量的测定方法有干烧法和湿烧法两种，其中干烧法需要元素分析

仪等设备，样品用量少，测定快速，被广泛用于大量植物和土壤样品的碳含量的测定。湿烧法即重铬酸钾硫酸氧化法也可达到一定的准确度，但实验时间和人力都需要更多。因而，本规范中推荐使用干烧法测定森林植物、土壤样品的全碳含量。同时，为反映湿烧法和干烧法在测定森林植物、土壤样品全碳含量上是否有差异，应取 5%～10%的样品分两种方法进行测定并对实验结果进行比对（鲍士旦，2000）。

1）元素分析仪测定土壤有机碳（干烧法）

土壤样品需过 100 目筛，利用浓盐酸熏蒸待测土壤样品，除去样品中的无机碳。之后在高温条件下，使土壤中有机碳被燃烧氧化转化成 CO_2，通过测定产生的 CO_2 的含量来换算出待测土壤样品中的有机碳含量。

2）重铬酸钾外加热法（湿烧法）

在加热的条件下，用一定浓度的重铬酸钾-硫酸溶液氧化土壤有机质中的碳，剩余的重铬酸钾用硫酸亚铁标准溶液滴定，根据消耗的重铬酸钾量可以计算出有机碳量。再乘以常数 1.724，即为土壤有机碳含量。

2.5.5.2　轻/重组碳

本部分参照《中国陆地生态系统碳源汇特征及其全球意义——技术标准和方法手册》（内部资料），具体流程为：首先测量全土的总有机碳含量（C_t，g/kg）；然后，称过 0.15 mm 筛的土壤 5.00 g 于 50 ml 离心管（预先称重）中，加入 25 ml 1.80 g/ml NaI 溶液，于 250 r/min 震荡 1 h。

1.80 g/ml NaI 溶液配置方法如下：称约 178g NaI 固体，溶于 100 ml 去离子水中，使溶液饱和或接近饱和，测量溶液密度，记为 d_1。另称 80 g NaI 固体，也溶于 100 ml 去离子水中测量溶液密度，记为 d_2。将两种密度的溶液按照一定配比可制成密度为 1.80 g/ml NaI 溶液。二者体积配比可根据下式计算：

$$1.8V = d_1V_1 + d_2V_2 \quad (2\text{-}3)$$

式中，V 为欲配制的密度 1.80 g/ml NaI 溶液的体积，V_1 为密度为 d_1 溶液的体积，V_2 为密度为 d_2 溶液的体积。

配制好后再次测量溶液密度，如密度不足或超过 1.80 g/ml，应加水或 NaI 固体进行微调。振荡后的混合液于 4500 r/min 离心，收集上清液以供回收利用。重复以上步骤 3 次直至溶液中无悬浮物，以 50 ml 去离子水洗涤 2 次，烘干、称重（W_{HF}，g），即得密度>1.80 g/ml 的重组分（heavy fraction，HF）。测量 HF 有机碳含量（C_{HF}，g/kg），同时过滤收集的上清液于 4500 r/min 离心，回收以供后用。

计算轻/重组碳含量：

$$\text{重组碳含量（HFOC，g C/kg）：HFOC} = C_{HF} \times W_{HF}/5.00 \quad (2\text{-}4)$$

$$\text{轻组碳含量（LFOC，g C/kg）：LFOC} = C_t - \text{HFOC} \quad (2\text{-}5)$$

2.6　数据质量控制

2.6.1　采样误差

不同研究对区域土壤碳密度的估算结果存在较大差异，除了研究方法的不同，土壤碳含量的空间异质性被认为是最为重要的原因。早前研究往往只使用少量土壤剖面进行碳储量估算，这很可能无法避免土壤碳空间异质性的影响。最近基于中国东部森林区土壤碳的高密度采样结果显示，随着取样数量的增加，估算误差逐渐减少（图 2-5），并且北方针叶林的土壤碳空间异质性相对较大（Liu et al.，2019a）。因而，不同植被类型的土壤采样密度应有所差异。

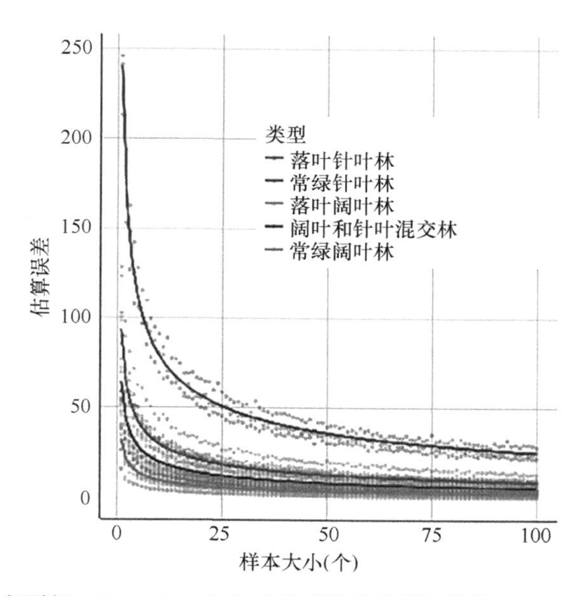

图 2-5　采样数量（样方面积：20 m×20 m）和土壤碳密度估算误差的关系（Liu et al.，2019a）（另见文后彩图）

误差定义为 Bootstrap 1000 次抽样计算结果的 2.5%分位数和 97.5%分位数的一半。趋势线使用幂函数拟合。落叶阔叶林和针阔叶混交林的趋势线基本重合

2.6.2　分析误差

分析误差包括分析方法误差、仪器误差、试剂误差和主观误差。减少分析误差的方式有以下几种。

（1）正确选取样品量：样品量的多少与分析结果的准确度关系很大，因此要求测定时考虑读数范围，以提高准确度，可以通过增减取样量或改变稀释倍数达到目的。

（2）增加平行测定次数：测定次数越多，则平均值越接近真实值，分析结果更可靠。

（3）对照实验：用已知结果的试样与被测试样一起按完全相同的步骤操作，或由不

同人员测定，最后比较两个结果。

（4）空白实验：在进行样品测定过程的同时，采用完全相同的操作方法和试剂，但不加被测物质，进行空白试验。在测定值中扣除空白值，就可以抵消由于试剂中的杂质干扰等因素造成的误差。

（5）校正仪器和标定溶液：各种计量测试仪器在精确的分析中必须进行校准，并在计算时采用校正值。各种标准溶液（尤其是容易变化的试剂）应按规定定期标定，以保证标准溶液的浓度和质量。

2.7 样地尺度土壤有机碳密度计算

2.7.1 自然生态系统

样方的土壤碳密度可以由以下两种方法获得（生态系统固碳项目技术规范编写组，2015）。

（1）对于实际深度的土壤剖面，以累加法计算土壤有机碳密度。土壤剖面有机碳密度的计算模型为

$$\mathrm{SOCD} = \sum\left(1-\theta_i\right)\times p_i \times C_i \times T_i / 100 \tag{2-6}$$

式中，SOCD 为土壤剖面有机碳密度（kg/m^2）；θ_i为第 i 层砾石含量（体积%）；p_i为第 i 层土壤容重（g/cm^3）；C_i为第 i 层土壤有机碳含量（g C/kg）；T_i为第 i 层土层厚度（cm）。

（2）通过积分法将土壤碳密度统一到固定深度时的土壤碳含量。具体步骤为：先将分层土壤有机碳含量与土壤深度之间建立函数关系；然后将该函数在固定土层深度之间积分，获得固定深度土壤在单位面积的碳密度。

2.7.2 农田生态系统

农田土壤有机碳密度计算方法见 2.7.1 节自然生态系统土壤碳密度计算公式。在实际土壤碳密度计算过程中，应注意以下两方面（孙维侠等，2004）。

1）土壤容重的确定

土壤容重是影响有机碳密度及其储量的一个重要因素，但我国第二次土壤普查中各土层容重的记录并不全面。目前国内许多学者根据已有的剖面容重数据进行估算。如潘根兴（1999）统计我国土壤有机碳库总量时容重取平均值 1.4 g/cm^3；Song 等（2005）基于全国第二次土壤普查资料建立的有机质含量与土壤容重的回归模型：$y = 1.377\times e^{-0.0048\times \mathrm{SOC}}$（$R^2$=0.787，$P$<0.001，$n$=4765）。对于没有容重记载的剖面，按其所属土壤类型，取相同土属的相同发育层容重的平均值；如果土属容重的记录不全，则按相同方法依次取相同亚类或相同土类容重的平均值来估算土壤剖面有机碳密度。对于有砾石含量的剖面，为了保证估算的精确性，则要去除砾石，再利用估算模型来估算土壤有机碳密度。

2）土壤深度的确定

当前有关土壤有机碳密度评估多是针对表层（0～20 cm 或 0～30 cm）或土壤剖面（0～100 cm）深度的土壤。对于等于或超过 1 m 深度的剖面，根据实际测定的土壤有机碳含量，截取到 1 m。对不足 1 m 深度的剖面，按剖面实际状况分为两类：一类是石质接触的剖面，即剖面实际发育厚度不足 1 m，采样层以下为坚硬的岩石，根据现有剖面实测的有机碳含量估算指定深度的有机碳密度；另一类是非石质接触的剖面，即剖面实际发育厚度超过 1 m，但当时的采样深度却不足 1 m，则根据采样深度超过 1 m 的剖面实测数据，按土壤类型拟合出有机碳含量在土体中的变异曲线，根据最佳拟合曲线估算指定深度下的有机碳密度。

对于深度为 d 的剖面来说，如果 d 大于 100 cm，那么 100 cm 深度有机碳密度 $SOC_{0\sim100}$ 等于 0～100 cm 的各土层的有机碳密度之和。其中，100 cm 深度处所在土层的有机碳密度的计算，采用插值所得的 100 cm 深度处的有机碳含量，其容重和砾石含量采用其所在土层的数据。如果 d 小于 100 cm，则 $SOC_{0\sim100}$ 等于剖面有机碳密度 SOC_t 加上 $SOC_{d\sim100}$。其中，$SOC_{d\sim100}$ 的计算采用插值所得的 100 cm 深度处的有机碳含量，容重和砾石含量采用剖面最下面的土层的数据。对于薄层土类型（例如粗骨土和石质土），则采用其实际剖面深度的有机碳密度作为 100 cm 深度的有机碳密度。

2.7.3　城市生态系统

鉴于人为活动（如翻耕、施肥等）对城市土壤的影响较为严重，样方的土壤碳密度则主要通过分层累加法进行计算。土壤剖面有机碳密度的计算模型同自然生态系统（2.7.1 节）。

2.8　区域尺度碳储量计算

区域尺度土壤有机碳储量的估算方法主要有三类：累加法（包括植被类型法、土壤类型法、生命气候带划分法）、模型估算法、遥感和 GIS 估算法（Schimel，1995；高君亮等，2016）。不同学者所用的各种统计方法并无本质上的差别，通常都是用各种类型的平均碳密度乘以相应土地面积并累加获得土壤碳储量。例如以国际上通常计算的 1 m 深度的土壤有机碳密度为参照标准（单位为 kg C/m^2），土壤碳储量是指区域范围内 1 m 深度的土壤有机碳总质量，单位为 kg C 或 Pg C（1 Pg =10^{15} g）。

1）累加法

碳库（或碳储量）的计算主要是将基于样地所测定的碳密度通过尺度推演到区域尺度，进而计算各种生态系统的区域碳库。

$$SOC = \sum SOCD_i \times A_i \tag{2-7}$$

式中，$SOCD_i$ 和 A_i 分别为各类型的土壤碳密度和面积；i=1,2,3,…，表示各种土壤类型或植被类型。

（1）植被类型法：指按照不同植被类型的土壤有机碳密度与该类型分布面积来计算

土壤碳储量。该方法对了解不同植被类型的土壤有机碳储量总量比较容易，且各个植被类型还可以包含多种土壤类型，分布范围更加广泛，更能反映气候因素及植被分布状况对土壤碳储量的影响。但是对于全球范围来说，植被类型与其面积难以精确地统计，植被类型与土壤类型也并不是一一对应的，加之土地利用方式在人为影响下不断变化。因此，这样的统计中不确定因素将增多，计算误差也较大。尽管植被类型法也存在一定的不足之处，但是在缺乏土壤剖面资料的情况下，用此方法推算土壤碳储量所得结果还是具有一定的意义。

（2）土壤类型法：指以土壤类型为分类标准估算土壤碳含量。一般是先将研究区域内的土壤根据研究目的进行分类，然后通过实测土壤剖面不同厚度土层的有机碳含量及容重来计算各层次的土壤碳密度，进而以土壤剖面土层深度为权重求得土壤剖面平均深度的碳密度，再依据平均深度土壤碳密度和土壤图上各类土壤的面积得到土壤碳总储量。

当前，依据土壤类型估算全球土壤碳储量的研究成果则以 Batjes（1996）的研究成果最具有代表性。Batjes（1996）将世界土壤图按 0.5 经度与 0.5 纬度划分为 259 200 个基本网格单元，按每个网格单元的土种分布、土层厚度、土壤容重、有机碳及砾石含量等数据，计算出网格单元的平均碳密度，最后得出全球 1 m 和 2 m 土层的有机碳储量分别为 1500 Gt 和 2400 Gt。由于影响土壤有机碳储量的调控因素具有相似性，该方法原理比较简单，能够相对较容易地获取基本数据，是目前国内外土壤碳储量估算的常用方法。但是，由于土壤类型在空间上的分布并不一定是相邻的，同类型或相似类型的土壤在空间分布上普遍距离十分遥远，气候等环境调控因素差异较大，加之土壤剖面实测数据相对比较缺乏，土壤类型法在计算大区域尺度土壤碳储量上还具有一定的局限性。

（3）生命气候带划分法：指按生命地带将研究区域的土壤划分为不同的土壤类型，然后根据各个类型土壤的碳密度与该类型土壤的分布面积来计算土壤碳储量（Woodwell，1978）。当前用生命气候带划分法估算全球土壤碳储量的研究以 Post 等（1982）的研究成果最经典、最常用。Post 按霍尔德里奇生命地带（Holdridge life zone）分类方法可反映全球各主要生命带的 2696 个土壤剖面数据，利用 Olson 绘制的全球主要生态系统分布图获得各生命带的面积，计算出全球 1 m 深度土层的土壤有机碳储量为 1395 Gt。其实，生命带法同植被类型法一样，可展现不同生命地带类型的土壤碳储量，且各生命带类型还可能包括不同土壤类型，分布范围更广泛，从各个角度反映气候因素及植被类型对土壤有机碳储量的影响。但是，在使用生命气候带划分法时，其不确定因素也较多。然而，在缺乏土壤剖面资料的情况下，生命带法估算结果仍具有一定意义。

2）模型估算法

模型估算法以主要环境变量、气候变量和土壤属性数据为自变量建立的各种数学模型（相关关系模型、机制过程模型、基于实测数据和遥感数据的模型等）来推算因变量（土壤碳储量）。关于土壤有机碳计算的数学模型较多，其中较有影响的有 CENTURY、DNDC、NCSOIL、CANDY、ROTHC 等模型。如 Patton 等（1989）使用 CENTURY 模型估算了美国大平原地区的土壤碳含量，同时分析了土壤有机碳积累的控制因子。

模型估算法的提出可有效地解决静态模型估算中不确定性因素对估算精度的影响，

充分应用现有剖面数据，并将其推算到相似的土壤和生态区域，较好地解决了估算中尺度转换的问题。但是，数学模型的建立需要大量相关和连续观测的数据。目前这些数据相对缺乏是制约模型估算法发展的最大限制因素。此外，还有学者认为由于当前对土壤固碳容量及稳定性机制的认识还不充分，模型估算法的模拟具有很大误差甚至模型模拟结果与实测结果大相径庭（高鲁鹏等，2003）。

3）遥感和 GIS 估算法

3S 技术以及数学模型在土壤学中的应用，使得在大尺度上定量研究土壤属性成为可能。该技术指通过建立地区、国家及全球范围的土壤属性数据库，同时利用遥感资料，研究不同区域土壤形成的植被、气候和环境因子与土壤碳密度空间分布之间的定量关系，建立土壤碳密度的估算模型，从而获得大尺度土壤碳密度的空间分布。不过，将土壤过程模型推广到区域尺度存在较大的不确定性，因此针对不同的研究对象，需要确定一个最优的遥感尺度范围。

GIS 估算法是运用 GIS 等地理信息系统软件，对土壤图进行数字化，再建立空间数据库，而后对每个土层有机质的质量分数进行计算，并按照土壤发生层分别采集诸如土层厚度、土壤容重，以及土壤有机质质量分数等参数数据，进而计算出每个土层对应的平均参数值，并建立土壤有机质的属性数据库，最后再利用 GIS 的空间分析功能计算出各类土壤的有机碳储量。GIS 估算法的优点在于估算精度高、调查全面、时效统一等；缺点在于也需要大量的实测数据来对结果进行验证。

参 考 文 献

鲍士旦. 2000. 土壤农化分析. 北京：中国农业出版社.

高君亮，罗凤敏，高永，党晓宏，郝玉光. 2016. 典型陆地生态系统土壤碳储量计算研究进展. 生态科学, 35(6): 191-198.

高鲁鹏，梁文举，姜勇，闻大中. 2003. 土壤有机质模型的比较分析. 应用生态学报, 14(10): 1804-1808.

鲁如坤. 2000. 土壤农业化学分析方法. 北京：中国农业出版社.

潘根兴. 1999. 中国土壤有机碳和无机碳库量研究. 科技通报, 15(5): 330-332.

潘贤章，郭志英，潘恺，等. 2019. 陆地生态系统土壤观测指标与规范. 北京：中国环境出版集团.

生态系统固碳项目技术规范编写组. 2015. 生态系统固碳观测与调查技术规范. 北京：科学出版社.

孙维侠，史学正，于东升，王库，王洪杰. 2004. 我国东北地区土壤有机碳密度和储量的估算研究. 土壤学报, 41(2): 289-300.

Batjes N H. 1996. Total carbon and nitrogen in the soils of the world. European Journal of Soil Science, 47(2): 151-163.

Ding J Z, Li F, Yang G B, Chen L Y , Zhang B B, Liu L, Fang K, Qin S Q, Chen Y L, Peng Y F, Ji C J, He H L, Smith P, Yang Y H. 2016. The permafrost carbon inventory on the Tibetan Plateau: a new evaluation using deep sediment cores. Global Change Biology, 22: 2688-2701.

Jaconi A, Don A, Freibauer A. 2017. Prediction of soil organic carbon at the country scale: stratification strategies for near-infrared data. Eur J Soil Sci, 68: 919-929.

Li H, Shen H, Chen L, Liu T, Hu H, Zhao X, Zhou L, Zhang P, Fang J. 2016. Effects of shrub encroachment on soil organic carbon in global grasslands. Scientific Reports, 6: 28974.

Liu S S, Shen H H, Chen S C, Zhao X, Biswas A, Jia X L, Shi Z, Fang J Y. 2019b. Estimating forest soil organic carbon content using vis-NIR spectroscopy: Implications for large-scale soil carbon spectroscopic assessment. Geoderma, 348: 37-44.

Liu S S, Shen H H, Zhao X, Zhou L H, Li H, Xu L C, Xing A J, Fang J Y. 2019a. Estimation of plot-level soil carbon stocks in China's forests using intensive soil sampling. Geoderma, 348: 107-114.

Patton W J, Cole C V, Stewart J W B, Ojima D S, Schimel D S. 1989. Simulating regional patterns of soil C, N and P dynamics in US central grassland region. In: Clarholm M, Bergström L. Ecology of arable lands-Perspectives and Challenges. Dordrecht: Springer: 99-108.

Post W M, Emanuel W R, Zinke P J, Stangenberger A G. 1982. Soil carbon pool and world life zones. Nature, 298: 156-159.

Schimel D S. 1995. Terrestrial ecosystems and the carbon cycle. Global Change Biology, 1: 77-91.

Song G H, Pan G X, Zahng Q. 2005. Topsoil SOC storage of China agricultural soils and its loss by cultivation. Biogeochemistry, 74(1): 47-62.

Viscarra Rossel R A, Behrens T. 2010. Using data mining to model and interpret soil diffuse reflectance spectra. Geoderma, 158: 46-54.

Viscarra Rossel R A, Behrens T, Ben-Dor E, Brown D J, Demattê J A M, Shepherd K D, Shi Z, Stenberg B, Stevens A, Adamchuk V, Aïchi H, Barthès B G, Bartholomeus H M, Bayer A D, Bernoux M, Böttcher K, Brodský L, Du C W, Chappell A, Fouad Y, Genot V, Gomez C, Grunwald S, Gubler A, Guerrero C, Hedley C B, Knadel M, Morrás H J M, Nocita M, Ramirez-Lopez L, Roudier P, Rufasto Campos E M, Sanborn P, Sellitto V M, Sudduth K A, Rawlins B G, Walter C, Winowiecki L A, Hong S Y, Ji W. 2016. A global spectral library to characterize the world's soil. Earth-Sci Rev, 155: 198-230.

Woodwell G M. 1978. The biota and world carbon budget. Science, 199: 141-146.

附录 2　土壤野外调查和室内测定表格

附表 2-1　土壤剖面调查表

样地号			群落类型			地点			
调查人			调查日期	/ /		土壤类型			
发生层号	土层厚度（cm）	颜色	湿度	质地	砾石含量（%）	坚实度	孔隙度	根系	备注
剖面 1									
剖面 2									

注：（1）发生层号：如 A0、A、AB、B、C 等；
（2）土壤颜色等性状的描述标准遵循土壤发生层描述方法。

附表 2-2　土壤样品采集、测定表

样地号		群落类型			地点		
调查人		调查日期	/ /		土壤类型		
	土壤水分含量测定			土壤容重测定			砾石含量	
深度（cm）	土壤鲜重+铝盒重（g）	铝盒重（g）	土壤干重+铝盒重（g）	环刀土壤鲜重+盒重（g）	盒重（g）	环刀土壤干重+盒重（g）	砾石质量（g）	砾石体积（cm^3）
剖面 1								
0～10								
10～20								
20～40								
40～60								
60～80								
80～100								
剖面 2								
0～10								
10～20								
20～40								
40～60								
60～80								
80～100								

注：（1）野外、室内称量都尽量使用电子天平；

（2）环刀取样风干后碾碎，过 2 mm 筛后，>2 mm 砾石称重，土样在 105℃条件下烘干 48 h 后称取土壤净干重。

第 3 章　陆地生态系统碳收支文献数据收集规范

引　　言

阐明陆地生态系统碳汇大小及其分布特征是全球碳循环研究中的核心议题。在全球气候变化的背景下，过去几十年来，国内外开展了大量关于陆地生态系统碳循环的研究，积累了海量数据。这些数据散布在各种文献、数据集中，收集、整理和综合利用这些数据对于理解全球陆地植被碳收支有极为重要的意义。因此，国外很早就开始了系统性的碳收支数据的收集工作，如 Cannell（1982）收集的全球森林生物量和生产力数据，在陆地碳循环及相关研究中产生了重要影响，直至今日还被很多研究利用、分析。国内从 20 世纪 90 年代也开始了系统的森林生物量和生产力数据的收集工作（冯宗炜等，1999），近年来在森林生物量方面也有系统的工作（如罗云建等，2013）。

但是，这些数据收集工作中还存在如下问题。首先，这些研究是以数据的收集为主，没有很系统地对各文献数据所采用的方法进行评估。生态系统碳收支数据的测定、计算包含了很多环节，而每个环节又有多种很不相同的研究、测算方法，不同方法的精度差异可能很大，这就使得文献数据的质量存在很大的差异。事实上，Cannell（1982）在其数据收集中就已充分认识到这一点，并对每篇文献中不同环节采用的方法进行了详细的备注，以供数据利用者参考。但是，由于数据量庞大，后来人在数据使用中实际上很少利用这些备注对数据进行甄别。这一问题在对其他的碳循环文献数据集的利用中也很常见。也就是说，在各种综合分析中不同质量的文献数据常被没有区别地使用。这对准确估算陆地碳源汇的大小、分布及理解碳循环过程，无疑是不利的。很多质量不够好的数据应该是被剔除（或在部分分析中才能使用）的，如 Mokany 等（2006）的分析表明，他们收集的全球范围的根冠比数据中 62%不够可靠。而且，当仅使用可靠数据进行分析时，全球根系碳储量、陆地植被碳储量的估计值分别提高了 50%和 12%。这充分说明了对文献的方法、数据质量进行评估的重要性。

其次，陆地生态系统碳循环过程很复杂，并涉及各种生态系统，以往的数据收集工作多数只针对某种生态系统（如森林，Cannell，1982）、某类碳循环属性（如生物量，罗云建等，2013）或者某个碳循环环节（如凋落物分解，Zhang et al.，2008）。此外，近几十年来的研究表明，物种组成、多样性、功能性状对碳循环属性有着重要的影响（如 Schmid et al.，2009；Shipley，2010），但这些方面的数据在以往的大型数据收集工作中不够重视。

本规范用于全面收集国内外文献中陆地生态系统各主要碳循环环节的研究数据，包括森林、灌丛、草地、荒漠、农田、湿地和城市生态系统。同时，收集相应地理属性、群落属性、功能性状和相关生长方程等数据。除了数据本身的收集，一个重要的目的是对碳循环各环节的研究方法进行记录和整理，在此基础上对不同方法所得结果进行比较、评估，为今后的陆地碳循环研究提供研究方法上的技术规范以及一套质量较高的文献数据。

3.1 适用范围

本规范从国内外各种已发表文献（含期刊论文、书籍、学位论文、研究报告等）、数据集（含正规机构网站、数据论文、文献电子附录等数据集）中，收集了陆地生态系统碳循环各环节的研究数据和测定方法。同时，本规范建立的数据库结构，也可用于野外实测碳循环数据的标准化整理、数据库建立，以便文献和野外实测数据的整合。

本规范收集的数据，仅限于在生态系统尺度通过野外实测、计算得到的碳收支数据，不包括遥感、生态系统模型等方法估算的结果，以及生态系统以上尺度（如景观、区域）的估算数据。本规范侧重于以群落调查法为主（可能结合其他方法）获得的生态系统碳循环数据。而以通量法为主测定的结果，以及野外控制试验设施[如开顶式同化箱（OTC）]中测定的结果，则不作为重点。

3.2 主要术语

3.2.1 植被类型相关术语

本规范主要收集如下几种陆地生态系统的碳收支数据：森林、灌丛、草地、荒漠、湿地、农田和城市植被。各植被类型定义如下。

森林：森林的定义有多种，这里参考联合国粮食及农业组织、联合国政府间气候变化专门委员会，以及宋永昌（2001）、生态系统固碳项目技术规范编写组（2015）等的定义。本规范中森林是指面积大于 0.05 hm^2，冠层郁闭度大于 20%，成熟时树高大于 5 m 的以乔木种为主体构成的植物群落。冠层高未达 5 m、郁闭度未达 20%的天然、人工幼林也属森林。

灌丛：指主要由丛生木本高芽位植物（灌木）为优势种、群落高度一般在 5 m 以下、盖度为 30%～40%的植被类型。灌丛与森林的区别不仅在于群落高度不同，更主要的是灌丛建群种多为丛生的灌木生活型，不包含幼树占优势的幼年林。它与灌木荒漠的区别在于灌丛多少具有一个较为郁闭的植被层，裸露地面不到 50%，不像荒漠那样植被稀疏、以裸露的基质为主。此外，灌丛是偏中生性的，而荒漠则是极度旱生的（宋永昌，2001；中国科学院中国植被图编委会，2007；谢宗强等，2015）。

草地：指禾草、禾草型的草本植物和其他草本植物占优势，而木本植物较少（盖度不超过 30%）的植被类型。可分为旱生和中生草本植被；前者包括草原、稀树草原，后者可分为草甸和（灌）草丛（宋永昌，2001）。

荒漠：此处的荒漠植被，指荒漠及其他稀疏植被（宋永昌，2001），包括所有植物覆盖稀疏或十分低矮，紧贴地面生长的植被类型，它们多是在极端严酷（干旱、寒冷或酷热，以及土壤贫瘠）条件下出现的植物群落。荒漠植被往往比较稀疏，以裸露的基质为主，裸露地面大于 50%。按其生境条件可分为荒漠、冻原和高山垫状植被、流石滩稀疏植被。

湿地（沼泽）：湿地是陆地生态系统和水生生态系统之间过渡的地段（水位经常存在或接近地表，或者为浅水所覆盖）。由于本项目研究的是陆地生态系统，本规范中的湿地主要指沼泽。

沼泽是湿地的一种重要类型，由于土壤过湿或地表季节性积水使沼泽植物发育繁衍而形成了以沼生植物占优势的植被类型。沼泽是以湿生植物为建群种的植物群落。在沼泽植物的整个生长期间或大部分生长期间，其所生长的土壤处于水分饱和状态，并往往有季节性地表积水。我国的沼泽绝大多数都是受到地下水的影响，并不反映大气降水规律，所以被认为是“非地带性”或“隐域性”的植被类型，散布在各个植被带内（中国科学院中国植被图编委会，2007）。

农田：这里的农田植被，定义为只包括栽培植被中以农业生产为目的的草本、灌木栽培植被（宋永昌，2001）。乔木栽培植被（粮果林、经济林）归入森林，城市中不是以农业生产为目的的草本、灌木栽培植被则归入城市生态系统。

栽培植被，指采取了改造植物本身和改善生态环境的一系列措施（如育种、选种、耕翻土地、播种、灌溉、除草、施肥、防治病虫害、埋土越冬、覆盖防寒）后，人工栽培所形成的植物群落（中国科学院中国植被图编委会，2007）。

城市植被：包括覆盖在城市地表上的所有的自然种类和人工栽培植物种类构成的植被。

3.2.2　二级植被类型相关术语

对于国内文献，这里参考中国 1∶100 万植被图的“植被型组”进行划分（中国科学院中国植被图编委会，2007）。植被型组为 1∶100 万植被图植被分类系统的最高分类单位。凡建群种生活型相近，且群落的形态外貌相似的植物群落联合为植被型组。在本规范中，全国共划分为 11 个植被型组（1. 针叶林；2. 针阔叶混交林；3. 阔叶林；4. 灌丛；5. 荒漠；6. 草原；7. 草丛；8. 草甸；9. 沼泽；10. 高山植被；11. 栽培植被）。

国外文献中植被类型，很多也都能归入上述类别。无法归入的，按文献自身描述记载。

下面是对各植被型组的简要描述（中国科学院中国植被图编委会，2007）。

针叶林：指以针叶树种（松科、杉科、柏科的植物）为建群种所组成的各种森林植被的总称。

针阔叶混交林：指以针叶、阔叶树混交的群落。

阔叶林：指以阔叶树种为建群种的群落。

灌丛：见 3.2.1 节。

荒漠：（注意这里的定义与 3.2.1 节不同，不含高山植被）荒漠植被是地球上旱生性最强的一类植物群落。它是由强旱生的半乔木、半灌木和灌木或者肉质植物占优势的群落组成，分布在极端干燥地区，具有明显的地带性特征。

草原：宏观上草原植被区域在地球表面处于湿润的森林区域和干旱的荒漠区域之间，占据着由半湿润到干旱气候梯度之间的特定空间位置。根据地理分布和区系组成，我国草原植被通常被划分为两大类：温带草原和高寒草原。

草丛（灌草丛）：指以中生和旱中生多年生草本为主要建群种的植被群落，在大多数情况下，群落中散生着稀疏的矮小灌木。这是一种群落较为特殊的植被类型，由于它的建群种并不完全是中生性的，而且往往有灌木种类伴生，所以它不属于草甸。又因其建群种不是典型的旱生植物，因此不能称为草原。至于它和灌丛的区别，则是由于草丛中灌木种类分布稀疏而不形成背景，而且在群落中也起不到制约环境的作用。因此在植被分类系统中将它作为一种特殊的类型，与森林、灌丛、草原、草甸等并列。大多数情况下，草丛是由森林、灌丛等群落经破坏后形成的次生植被，是一种植被的逆行演替现象。

草甸：指以适低温或温凉气候的多年生中生草本植物为优势种的植被类型。这里所说的中生植物，既包括典型中生植物，也包括旱中生植物、湿中生植物以及适盐耐盐的盐中生植物。由这些植物为建群种而形成的植物群落称为草甸，广泛分布于温带的低平潮湿地段。草甸的形成和分布与中、低温度和适中的水分条件紧密相关，一般不呈地带性分布。在我国主要分布于秦岭—淮河一线以北的温带森林区、半干旱草原区和干旱荒漠区，以及青藏高原地区，此外在亚热带的山地上部和湖滨湿地也有少量分布。

沼泽：见 3.2.1 节。

高山植被：一般指森林线或灌丛带以上到常年积雪带下限之间的、由适冰雪与耐寒的植物成分组成的群落所构成的植被。包括高山苔原、高山垫状植被和高山稀疏植被等类型。

栽培植被：见 3.2.1 节的农田、城市植被。

3.2.3 群落特征常用概念

优势种：在植物群落中各个层或层片中数量最多、盖度最大、群落学作用最明显的种。其中，主要层片（建群层片）的优势种称为建群种。

个体密度：指样方中单位面积的植物个体数量。每种植物有各自的个体数量，称种群密度。所有物种的种群密度之和即是群落的个体密度。

盖度：指植物地上部分垂直投影面积占样地面积的百分比，又称投影盖度。群落调查时，可以记载每个优势种的盖度（称种盖度或分盖度）；任何单个物种的盖度都不会超过 100%，但所有种的盖度之和可能超过 100%。

冠幅：指单个植株冠层的垂直投影面积。群落调查中一般测量植株冠层最长方向和最短方向的长度（即冠幅），然后假设树冠为椭圆形计算。

基径：植株基部直径（以 D_0 表示），以厘米或毫米为单位。

株高：植株基部至顶部的长度（以 H 表示），以米为单位，精确度为 0.1 m。小灌木、草本一般调查时以厘米为单位，精确度为 0.1 cm。

叶面积指数（LAI）：指单位土地面积上植物叶片总面积占土地面积的倍数。即：叶面积指数=叶片总面积/土地面积。

其中，描述森林群落特征常用的概念有以下几条。

郁闭度：也称林冠层盖度，以林冠层在地面的垂直投影面积与林地面积之比来表示。林业上一般以郁闭度最大值为 1 进行记录。一般来说郁闭度≥0.70 的为密林，0.20～0.69 为中度郁闭，<0.20 为疏林。

胸径：指胸高（我国规定为离地面 1.3 m）处木本植物主干直径（以 D 表示），以厘米为单位，精确度为 0.01 cm。有的研究测定的为胸高处树干周长，即胸围。

胸高断面积：指树木胸高处树干的横切面面积，计算方法为 $\pi D^2/4$。国外也常用基径处的断面积，因此缩写为 BA（basal area）。总胸高断面积（TBA，m^2/hm^2）即样地中所有树木 BA 之和。

林分：是对单个森林片段的一种称谓。指林分内的林木起源、林相、树种组成、年龄、地位级疏密度、林型等内部特征相同，但与相邻群落有所区别的一片森林。

3.2.4　土壤特征常用概念

土壤容重：指土壤在未受到破坏的自然结构的情况下，单位体积（包括土粒和孔隙）中的重量。

土壤净容重：在计算土壤有机碳含量时，需使用净容重，即过 2 mm 筛、去掉直径>2 mm 砾石后的土样干重（g）除以 100 cm^3（环刀体积）。

土壤砾石含量：一般认为土壤中直径>2 mm，相对独立、不易破碎的矿物质颗粒为砾石。一般用砾石的质量（体积）占土壤质量（体积）的比例表示。

土壤厚度：可以简单理解为土壤母质层以上到土壤表面的垂直深度，一般分为腐殖质层、淋溶层和母质层。

土壤质地：指土壤中各粒级（黏粒、粉粒、砂粒）占土壤重量的百分比组合。目前世界各国有不同的土壤粒级的划分标准：卡庆斯基制土粒分级、美国土壤质地分类制、国际制、中国土壤质地分类制。在国际制中，根据黏粒含量将质地分为三类，即：黏粒含量小于 15%为砂土类、壤土类；15%～25%为黏壤土类；大于 25%为黏土类。根据粉砂粒含量，凡粉粒含量大于 45%的，在质地名称前冠“粉砂质”；根据砂粒含量，凡砂粒含量大于 55%的，在质地名称前冠“砂质”。在 1949 年前，我国大都采用国际制或美国制的土壤颗粒分级和质地分类标准；1949 年后，又比较普遍采用苏联 H. A. 卡庆斯基（H. A. Качинский）分类系统；通过 1958～1959 年全国土壤普查工作，虽然制定出了一套我国自己的颗粒分级及质地分类标准（中国科学院南京土壤研究所协作小组，1975），但至今未推广；近年来，随着国际交往增多，美国制分级分类（表 3-1，图 3-1）标准在我国的使用日益广泛。即根据砂粒、粉粒、黏粒含量进行土壤质地划分。凡是黏粒含量大于 30%的土壤均划分为黏质土类，而砂粒含量大于 60%的土壤均划分为砂质土类。

表 3-1　土壤颗粒分级标准

粒级名称	>2	2～1	1～0.5	0.5～0.25	0.25～0.1	0.1～0.05	0.05～0.002	<0.002
土粒有效直径（mm）	砾石	极粗	粗	中	细	极细	粉粒	黏粒
		砂粒						

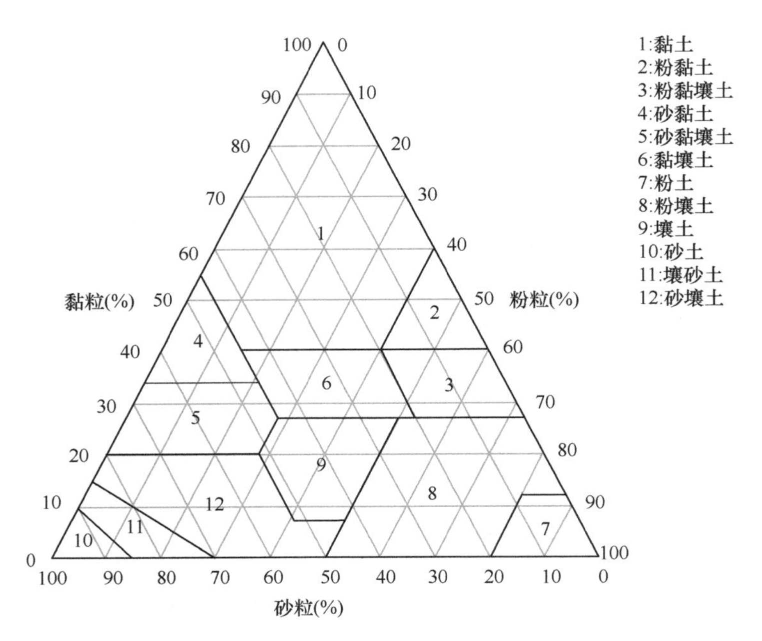

图 3-1　美国农业部土壤质地分类三角坐标图

3.2.5　生物量和碳储量相关术语

生物量和碳储量：生物量指某一特定时刻单位空间的有机物质（包括地上和地下，一般不包括死生物量）干物质量；也可用于指某个种群、某类群生物或整个生物群落的生物现存量。植被各层次的生物量乘以其含碳率（没有测定时，活生物量部分含碳率常用 0.5）即可得植被碳储量。

蓄积量：林分中所有林木的材积之和。根据胸径、树高查相应树木种类的一、二元立木材积表（或用二元材积公式计算），把样地内的所有单株蓄积加起来，就是一个样地的蓄积量。蓄积量与林分生物量有密切关系，是估算森林生物量的一种重要方法（Fang et al.，2001）。

生态系统碳储量：它是生态系统长期积累碳蓄积的结果，是生态系统现存的植被生物量有机碳、凋落物和土壤有机碳的现存碳储量的总和。对于森林生态系统，植被碳库又包括乔木层、灌木层、草本层的地上、地下生物量碳，凋落物碳库则包括枯立木、倒木和粗木质残体、地表枯落物（图 3-2）。其他生态系统与森林生态系统类似，但缺乏部分群落层次（如乔木层）或组分。

碳密度：指单位土地面积的碳储量。一般将单位土地面积生态系统、植被和土壤碳储量分别定义为生态系统碳密度、植被碳密度和土壤碳密度。

3.2.6　生态系统碳通量相关术语

生产力：指从个体、群体到生态系统、区域乃至生物圈等不同生命层次的物质生产能力，它决定着系统的物质循环和能量流动，也是指示系统健康状况的重要指标。表

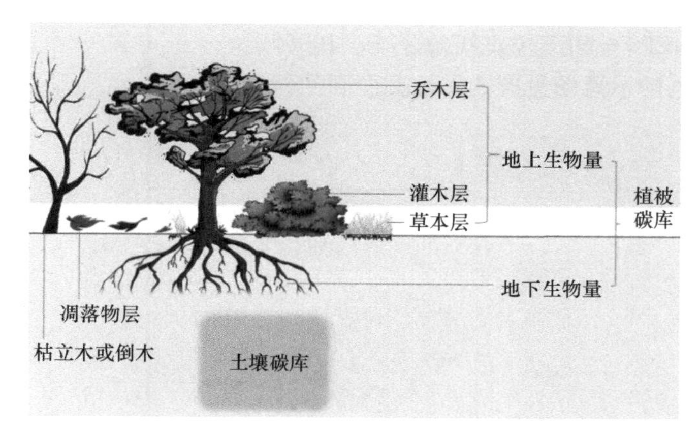

图 3-2　陆地生态系统碳库的主要组分示意图（彩图请扫封底二维码）

示生物生产力的概念有总初级生产力（GPP）、净初级生产力（NPP）、净生态系统生产力（NEP）和净生物群区生产力（NBP）等（方精云等，2001）。

总初级生产力（gross primary productivity，GPP）：指单位时间内植物通过光合作用途径所固定的有机碳量，又称总第一性生产力。GPP 决定了进入陆地生态系统的初始物质和能量。

净初级生产力（net primary productivity，NPP）：指植被固定的有机碳扣除本身呼吸消耗的部分所剩余的有机碳量，这一部分用于植被的生长和生殖，也称净第一性生产力。NPP 反映了植物固定和转化光合产物的效率，也决定了可供异养生物利用的物质和能量。

$$\mathrm{NPP} = \mathrm{GPP} - R_a \tag{3-1}$$

式中，R_a 为自养生物本身呼吸所消耗的同化产物，含植物各器官（叶、茎、根等）的呼吸。

净生态系统生产力（net ecosystem productivity，NEP）：指从 NPP 中减去异养生物呼吸消耗（如土壤、凋落物呼吸）光合产物之后的部分，反映大气 CO_2 进入生态系统的净光合产量。

$$\mathrm{NEP} = \left(\mathrm{GPP} - R_a\right) - R_h = \mathrm{NPP} - R_h \tag{3-2}$$

式中，R_h 为异养生物呼吸消耗量。

净生物群区生产力（net biome productivity，NBP）：指从 NEP 中减去各类自然和人为干扰（如火灾、病虫害、动物啃食、森林间伐以及农林产品收获）等非生物呼吸消耗所剩下的部分，其数据变化于正负值之间。实际上，NBP 在数值上就是全球变化研究中所使用的陆地碳源/碳汇的概念（方精云等，2001）。

$$\begin{aligned}\mathrm{NBP} &= \mathrm{GPP} - R_a - R_h - \mathrm{NR} \\ &= \mathrm{NEP} - \mathrm{NR}\end{aligned} \tag{3-3}$$

式中，NR 为非呼吸代谢所消耗的光合产物。

生态系统（CO_2）净交换（net ecosystem exchange，NEE）：生态系统与大气系统间的 CO_2 通量，表征陆地生态系统吸收大气 CO_2 能力的高低（NEE 为正值，陆地生态系统为碳源，负值为碳汇）。NEE 一般采用通量法测定（如于贵瑞等，2006）。与 NEP

的换算关系为：NEP=－NEE（如刘允芬等，2006）。

各概念间关系的示意图见图 3-3。

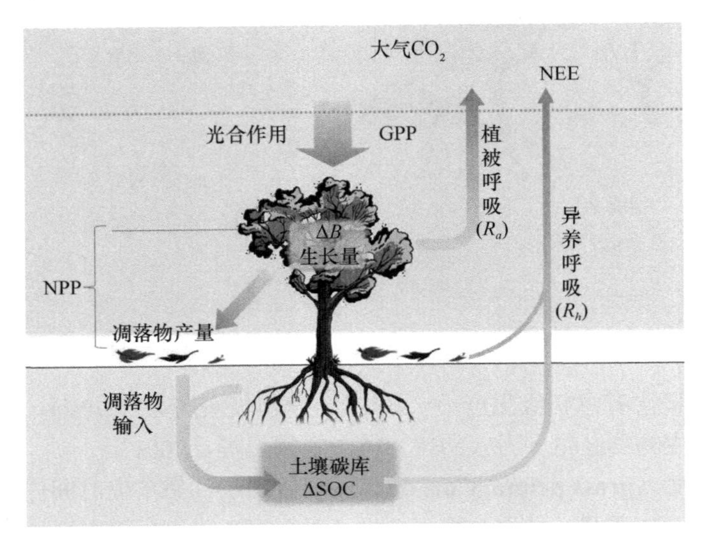

图 3-3　陆地生态系统碳循环示意图（彩图请扫封底二维码）

3.3　陆地生态系统碳收支主要测定、计算方法

3.3.1　生物量测定

3.3.1.1　乔木层

根据文献梳理，国内外乔木层生物量测定采用的主要方法可分为如下几类。

（1）收获法：将样地内树木进行皆伐，并测定所有个体各器官的生物量，得到单位面积各器官及林分总生物量。这种方法一般见于早期研究（如李意德等，1992）。

（2）平均标准木法：在对标准地进行每木调查的基础上，选取 1 至几株能够代表群落平均特征的标准木，伐倒后测定标准木的各器官生物量，然后乘以林分密度得到林分生物量。这种方法一般仅适用于单层同龄的人工林或天然林（如杨桦林），多见于早期研究（如丁宝永等，1990）。

（3）分层（径级）标准木法：按照不同的胸径径级或树高将样地内树木分成数层，然后在各层内选取标准木，伐倒称重后再乘以各层的株数，最后各层合计得到林分生物量。这种方法在天然林、人工林研究中均有使用（如陈大珂等，1982）。

（4）相关生长法：在研究区内，对于某一树种按照不同的径级（或树高、个体大小）分别选取 1 至多株样木，伐倒后测定样木的器官生物量，建立器官生物量与胸（基）径、株高等指标之间的关系。然后以样地内测得的每株个体的直径、树高等指标推算林分生物量。

该方法为目前使用最为广泛的方法（如方精云等，2006）。其中，仅建立生物量与胸径的关系，为一元生物量方程；建立生物量与胸径、树高的关系（如 $M \sim D^2H$，文献中有多种形式，详见附表 3-2《乔木、灌木生物量方程收集表》），为二元生物量方程。由于胸径-树高关系是随气候、立地条件变化的，同一树种的一元生物量方程在理论上并不能用于其他的地区或立地条件（但还是有不少研究使用）。而二元方程由于包含了胸径-树高关系，理论上来说适用地区要广一些。

（5）相关生长-平均木法：少量研究中（一般见于较大尺度研究），直接采用样地的平均胸径和树高，利用相关生长方程计算乔木单株生物量，然后乘以林分密度得到林分生物量（如罗天祥，1996；李文华和罗天祥，1997）。虽然研究中采用了相关生长方程，但仍是基于平均木对林分生物量进行估算，估算精度显然低于常用的相关生长法。

（6）生物量转换因子（BEF）法：又称材积源生物量法。林分蓄积量与生物量之间存在良好的相关关系，因为林分蓄积量包含了森林类型、年龄、立地条件和林分密度等诸多因素，利用它与林分生物量之间的关系推算生物量就消除了这些因素的影响。乔木层生物量计算：

$$B = a + b \times V \tag{3-4}$$

式中，B 为林分生物量（t/hm^2），V 为林分蓄积量（m^3/hm^2），a、b 为回归系数。

方程系数可以自行利用林分生物量和蓄积量数据回归获得，也可采用 Fang 等（2001，2014）建立的全国主要森林类型的 BEF 方程。

BEF 法可用于从样地到区域、全国的不同尺度上较为精确地估算森林群落生物量，不仅可以估算林分的总生物量，也可估算地上、地下生物量（如 Wang et al.，2013）。不过在中小尺度使用时最好使用本地区的 BEF 关系以提高估算精度。

（7）木材密度法：这种方法本质上是基于（地上）生物量与树干体积、木材密度的关系（Chave et al.，2005）：

$$M = F \times \rho \times \left(\pi D_2 / 4\right) \times H \tag{3-5}$$

式中，M 为树木个体生物量，F 为树干形数，D 为胸径，H 为树高，ρ 为木材密度。

在实际估算中则是建立 M 和 D、H、ρ 之间的关系。其模型形式有多种，类似于相关生长法（如 Chave et al.，2005；2014），但不同之处在于模型中包含木材密度。这种方法国内使用相对较少，但国外尤其是热带雨林中使用较多。

（8）树高估算法：在较大尺度上，林分高和林分生物量之间存在较好的幂函数关系。这一点不仅符合相关生长理论，而且已被不少样地实测和遥感估算研究所证实（Fang et al.，2006；Xu et al.，2019）。该方法不仅可较好估算林分总生物量，也可用于结合生物、环境因子较好估算样地的地下生物量（Wang et al.，2013）。目前这一方法还主要用于以激光雷达（light detecting and ranging，简称 Lidar）遥感估算区域到全球尺度的森林生物量（Saatchi et al.，2011）。该方法尚未见于样地生物量的估算，但理论上也可用于大尺度上林分生物量的快速调查和估算（Wu et al.，2015）。

我国过去的森林资源清查对树高测定不够重视，但现在随着技术发展，采用超声波、激光测定仪测定树高已经成为一种简便且成本上并不高的方法。本规范将此方法也列入，主要目的是建议今后的森林调查中充分重视树高尤其是林分高的精确测定。

3.3.1.2 灌木、草本层生物量测定

（1）收获法：一般在样地内设置若干个小样方，收获测定各器官的生物量，得到单位面积各器官及灌木、草本层的总生物量。

（2）相关生长法：此方法用于灌木生物量测定。指对于某一物种，按照不同的大小（如基径、高）分级，每级分别选取若干样株测定各器官生物量，建立器官生物量与基径、高、冠幅等指标之间的关系。对样地进行调查，测定每株灌木的基径、高、冠幅等指标，利用相关生长关系估算灌木层生物量（如 Zhu et al.，2010）。

（3）平均株法：在植株大小差异不大、分布较为均匀的灌木层（群落）中，也可取几个平均株测定平均生物量，然后乘以密度得到灌木层生物量。

（4）比例估算法：一些研究中（一般见于较大尺度研究），并未直接测定灌木、草本层生物量，而是根据有关文献中的灌木层和草本层生物量与乔木层生物量的平均比例系数推算而得（如罗天祥，1996；李文华和罗天祥，1997；Su et al.，2007）。

（5）文献值法：部分研究并未测定灌木、草本层生物量，而是直接使用文献报道的该群落类型生物量（或均值）（如吴刚和冯宗炜，1995）。和比例估算法一样，这种数据虽非实测，但在估计整个群落（乔、灌、草各层）生物量中还是有一定用处的，因此这里也作为一种方法记录。

3.3.1.3 根系生物量的测算方法

以上方法均可用于测算地下生物量，但由于根系生物量测定困难，文献中还采用了其他一些方法进行测定或估算。

（1）根冠比（R/S）法：国内常称根冠比法，即利用根生物量（R）和地上生物量（S）的比值和群落地上生物量推算地下部分的生物量。该比值随气候、植被和群落类型、立地条件、地上生物量、林龄、密度、经营措施而变化（Mokany et al.，2006；Wang et al.，2008；Nie et al.，2016），因此一般应该使用同一地区、同一群落类型的R/S，大尺度上则常采用 IPCC 或 Mokany 等（2006）、Wang 等（2008）文献提供的不同植被类型的 R/S。

有的研究采用的是地下生物量占总生物量的比例（Su et al.，2007），实质上也属这种方法。

（2）RS 相关生长法：对于森林、灌丛、草地等各种生态系统，群落（或个体）的根生物量（R）和地上生物量（S）也存在密切的相关生长关系（Mokany et al.，2006；Niklas，2006；Nie et al.，2016），因此可以利用该相关生长关系对地下生物量进行估算，也有研究在相关生长模型中进一步考虑气候、林型等因素的影响以更加准确估算地下生物量（Wang et al.，2008）。这里将这种方法称为 RS 相关生长法，以区别于上面利用个体胸（基）径、高估算根生物量的方法。

（3）小样方法：一些研究采用在样地内设置若干小样方（或沟槽），挖取、测定根系生物量后换算为单位面积的根系生物量。这种方法对于灌木、草本层问题不大（即收获法），但对于乔木层和大型灌木（如杜鹃），由于一般不包括根桩及其附近的粗根，可

能严重低估根系生物量。因此这里专用“小样方法”针对乔木层和大型灌木的根系生物量测定，以区别于灌木、草本层的收获法。

需要说明的是，上述方法根系测算的根系生物量，一般不包括细根（直径<2 mm）。细根（或较细根系）的生物量、生产力有多种测定方法，见 3.3.2.4 节中“根系 NPP”部分。

3.3.1.4　死生物量测定

（1）地表凋落物：一般采用在样地内设置几个小样方，通过收获法测定干物质量。

（2）枯立木、倒木：一般采用木材密度法。即调查样地内倒木、枯立木的胸（基）径、高（长），以圆锥体公式计算体积，对不同树种的倒、枯木按腐烂级取样（一般 0～5 级）测定木材密度。然后用体积乘以密度得到不同树种、不同腐烂等级倒、枯木的生物量，最后加和获得单位面积生物量（如 Zhu et al.，2010）。未对各腐烂等级的木材密度进行测定的，也可使用同类树种的文献值。

枯立木、倒木的碳储量在某些林型（如云冷杉林）或原始林中可占据地上碳储量的相当比例（如 Zhu et al.，2010）。相关数据需认真记录。

（3）根系死生物量：一般采用收获法、根钻法等测定。和地上部分一样，根系实际也有死生物量，由于这一组分测定困难（死根和活根较难区分），尤其是对于森林生态系统，实际测定中一般可能被算入根系生物量或忽略了。但是，一些草地、沼泽生态系统有大量的死根系，长期难以分解，一些研究根据颜色、形态等特征对死、活根系进行了区分和测定（如 Gao et al.，2008），需要分别记录。

3.3.1.5　生物量碳储量

生物量碳储量的计算方法为各群落层次、不同器官的生物量×含碳率。在没有测定或文献值时，一般用 0.5 的含碳率。死生物量的碳储量，也可用 0.5 的含碳率粗略估算（如 Zhu et al.，2010）。

3.3.1.6　土壤碳储量

土壤碳储量的测定、计算涉及野外调查、有机碳测定、碳储量估算等不同环节，每个环节都有不同的方法。相关方法详见第 2 章《陆地生态系统土壤碳储量调查规范》。这里仅归纳历史文献中常用的方法类别，以便在文献数据收集中对研究方法进行归类。

1）土壤碳储量调查方法

一般采用剖面法或土钻法获取不同深度的土样，剖面法可机械分层，或按土壤发生层取样。在取用于土壤有机碳的样品外，还需取样对土壤容重、砾石含量进行测定，得到净土壤容重用于碳储量估算。

2）土壤有机碳测定方法

（1）重铬酸钾外加热法：也称湿烧法。由于对仪器要求不高，很多文献采用这种方法。测定原理是：在加热的条件下，用过量的重铬酸钾-硫酸（$K_2Cr_2O_7$-H_2SO_4）溶液来氧化土壤有机质中的碳，使 $Cr_2O^{-2}{}_7$ 等被还原成 Cr^{+3}，剩余的重铬酸钾（$K_2Cr_2O_7$）用硫酸亚铁（$FeSO_4$）标准溶液滴定，根据消耗的重铬酸钾量计算出土壤有机碳含量（鲁如坤，2000）。

一些研究中测定得到的是有机质含量，则测定结果需乘以 0.58（假设有机质含碳量为 0.58）。

（2）元素分析仪测定：也称干烧法，是通过高温下氧化剂和催化剂的作用，将土壤有机碳燃烧成 CO_2，通过测定 CO_2 换算得出样品含碳率。

3）土壤碳储量的估算方法

（1）分层法：首先计算每层的单位体积有机碳密度（socd，g C/cm^3）：

$$\text{socd} = \text{净土壤容量}\left(\text{g}/\text{cm}^3\right) \times \text{有机碳含量}\left(\%\right) \tag{3-6}$$

然后计算样地单位面积的有机碳密度（SOCD）：

$$\text{SOCD}\left(\text{t C}/\text{hm}^2\right) = \sum_{i=1}^{n} \text{socd} \times \text{各土层厚度}\left(\text{cm}\right) \tag{3-7}$$

如果使用有机质含量和容重直接计算，则可用（如 Zhu et al. 2010）：

$$\text{SOCD}\left(\text{t C}/\text{hm}^2\right) = \sum_{i=1}^{n} 0.58 \times T_i \times \left(BT_i - R_i\right) \times \text{SOM}_i \tag{3-8}$$

式中，0.58 为有机质含量转换为有机碳含量的 Bemmelen 系数，T_i 为土壤第 i 层的厚度（cm），BT_i 为第 i 层的容重（g/cm^3），R_i 为第 i 层的直径大于 2 mm 砾石重量（g/cm^3），SOM_i 为第 i 层土壤的有机质含量（%）。

（2）积分法：分层法的缺陷在于只能计算到剖面所挖深度的土壤碳密度。而不同研究所算的土壤碳库深度不同，不便于比较。积分法则利用各层 socd [g C/cm^3，式（3.6）] 和土壤深度之间良好的关系（图 3-4），可以估算到统一深度，一般为 1 m。该关系的拟合一般采用指数函数，但也可采用幂函数或线性关系。

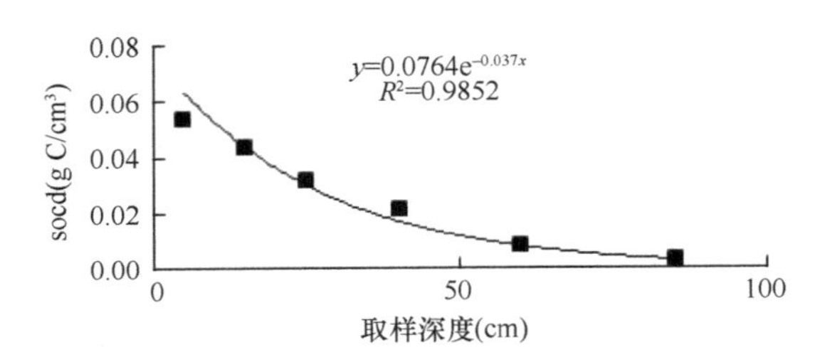

图 3-4 土壤各层 socd 与取样深度的关系示例

积分法计算公式为：

$$\text{SOCD} = \int_{T_1}^{T_2} f\left(T\right) \text{d}\left(T\right) \tag{3-9}$$

式中，T_1 和 T_2 分别为某层土壤上下界面的深度（cm），$f(T)$为 socd 与深度 T（cm）的函数关系，SOCD 为 1 m 深度的每公顷有机碳密度（t C/hm^2）。

3.3.2　植被净初级生产力测定

简单地说，NPP 等于单位时间、单位面积上生物量的变化量（ΔB）加上损失量。损失量包括：①凋落物产量（detritus production，DP），包括活植株的叶、茎、根的枯死生物量（litter fall，L），以及测定期间自然死亡植物个体的生物量（mortality，Mor）；②各类自然和人为干扰（如火灾、病虫害、动物啃食、森林间伐以及农林产品收获）等非生物呼吸代谢所消耗的光合产物（NR）。理论上，地上部分 NPP 还应加上挥发性有机碳化合物的排放（volatile organic carbon compound，VOC），地下部分还应加上分泌物等损失（exudation and slough）（Lauenroth，2000；Girardin et al.，2010）。但这些组分很小，也很少有测定，一般研究基本不考虑。

因此，植被 NPP 的计算公式一般为：

$$\mathrm{NPP} = \Delta B + \mathrm{DP} + \mathrm{NR} \tag{3-10}$$

需要注意的是，不少文献中报道的 NPP 并没有包括凋落物产量等损失量，实际是 ΔB。

3.3.2.1　生物量变化量

一般缩写为 ΔB [t DM/(hm^2·年)]，在表 3-2 数据收集表格中，为简化表格，和土壤等层次用同样缩写：ΔC [t C/(hm^2·年)]。

1）乔木层

测定方法在文献中较多，可归类为库差法、生物量估算法等。

其中库差法即计算两个时间之间生物量的变化，由于调查、计算方法的不同，又可分为几种。

（1）样地复查法：在 t_1、t_2 等不同时间对样地进行调查，通过分别计算不同时期的林分生物量，计算出各器官或总生物量在两个时间之间的单位面积变化量。这是测定 ΔB 最基本、理论上也最准确的方法（如方精云等，2006）。

采用复查法时，既可用相关生长法计算两期的生物量（如方精云等，2006），也可算出每期的蓄积量、利用 BEF 法计算出其生物量（如 Fang et al.，2001）。两者在测算精度上可能存在差异，因此这里将复查法分为两种进行记载：复查法-相关生长法和复查法-BEF 法。

但是，样地复查法的研究周期较长，因此，很多研究采用了不同的方法来快速测定、估算林分的生物量生长量，由于不同方法精度存在差异，因此有必要区分。

（2）年轮全部取样法：对样地中一定胸径值以上（如>10 cm）的树木全部钻取年轮，根据每株年轮测定结果推算 n 年前的每株胸径值，然后计算不同时间的林分生物量，以及生物量在两个时间之间的单位面积变化量（如 Graumlich et al.，1989；郭允允，2007；Xu et al.，2017）。

这种方法本质上和样地复查法相同，但由于胸径太小的树木无法钻取年轮，所测实际为一定胸径（如 10 cm）以上树木的 ΔB，因此收集数据时需记录其起测径阶。不过，研究表明胸径很小的树木对林分 ΔB 的贡献率很小，几乎可以忽略（Xu et al.，2017）。

因此可以认为这种方法是对 ΔB 较为精确的一种测定方法。而且，该方法的优势在于能够快速测定较长时间序列的逐年生物量生长量，而样地复查法的数据则往往时间分辨率较低（一般几年复查一次）。

（3）平均标准木法：在每木调查基础上，选取 1 至几株平均标准木，采用树干解析或钻取胸径年轮条的方式，得到标准木的生物量（或蓄积）生长量，乘以林分密度得到林分生物量生长量。同样，这种方法仅适用于单层同龄的人工林或天然林（如丁宝永等，1990）。

（4）径级标准木法：在每木调查基础上，按照不同的胸径径级或树高分层取样，每个径级选取 1 至几株平均标准木，采用树干解析或钻取胸径年轮条的方式，得到每层单株的平均生物量生长量，然后每层乘以相应林分密度，各层加和得到林分的生物量生长量。在混交林中，也有研究分别对不同主要树种选取径级标准木，计算生物量或蓄积生长量。有些文献中，根据一些解析木的测定结果，倒推出以往某时间的各株林木胸径，进而计算 ΔB，实际上也属于这一方法（如马泽清等，2008）。也有研究是按径级随机取样钻取树芯，而不是取平均木（如 Su et al.，2007），根据我们的研究，二者没有本质差异，也归类入此方法。

（5）大树优先取样法：除了上述平均标准木、径级标准木取样等方法，林业上常用的取样方法还有径阶等比标准木法（同样分径级取样，但各径阶选取株树与该径阶的每木检尺株数成正比）、完全随机取样（Nehrbass-Ahles，2014）等方法。但近来研究表明，这些方法在估算林分生长量时都存在较大的不确定性。由于大树对林分生产力及其变异的贡献远大于小径级的树木，比较合理的方法是，大径级的树全部取样，随着径级下降，取样数量则急剧下降。如在我国东北温带林中，按等株树划分的四个径级中，从最大到最小径级合理的取样数量在 100%、42%、18%和 10%左右。具体最佳取样数量则因气候、林型而有较小差异（Xu et al.，2019）。

（6）材积生长率法：林业上有多种方法测定、计算蓄积生长率（如孟宪宇，2006），可用蓄积生长率×生物量（可以是茎、枝、根等）得到年生物量产量（如罗天祥，1996；李文华和罗天祥，1997）。

（7）除年龄法：即采用林分生物量现存量除以林龄，对生物量生长量进行粗略的估算。这种方法一般见于早期文献（如丁宝永等，1990）。除了用于林分生产力，也常用于某些器官的生产力，如在罗天祥（1996）研究中，叶的年生物量产量以叶的宿存年龄除其生物量而得（又如 Su et al.，2007）。

以上方法本质上都属于库差法，还有研究采用其他方法估算林分生长量。

（8）生物量估算法：这一方法利用的是生长量和生物量之间存在的密切关系，近年来代谢理论也证实了这一相关生长关系（如 Brown et al.，2004）。这个方法一般用于较大尺度的林分生产力估算（如吴刚和冯宗炜，1995；方精云，2000），为提高估算精度，一般需要分林型（树种）或区域分别建立生长量和生物量的关系。

（9）叶面积指数（LAI）法：对于叶生物量的生长量，有少量文献用叶面积指数的变化量乘以比叶重求得叶生物量变化量，公式为：ΔB_{leaf}=叶面积指数变化量（ΔLAI）×比叶重（LMA）（如 Law et al.，2001；Giardina et al.，2010）。

2）灌木、草本层

（1）样地复查法：和乔木层一样，通过两期调查获得生物量而得到，一般用于灌木层（谢宗强等，2015）。灌木层生物量有不同调查方法（见 3.3.1.2 节），因此复查法可分为：复查-相关生长法和复查-收获法。

（2）除年龄法：一些研究中，灌木、草本的生物量年产量为利用生物量除以灌木草本的平均年龄而得（如罗天祥，1996，李文华和罗天祥，1997，Su et al.，2007）。

（3）文献值法：少量研究并未实地测定森林中的灌木、草本生产力，而是使用文献报道的该群落类型的年生物量产量（如吴刚和冯宗炜，1995）。

（4）假设不变：在稳定森林中由于林下环境短期内几乎不变，灌木、草本层生物量在测定期内变化不大，可以忽略不计（如方精云等，2006）。

3）根系 ΔB

根系生长量较难测定。上述方法中，有很多可以用于测算根系生物量，进而计算生长量。此外，根系特有的测算方法还有地上生产力估算法。

地上生产力估算法：理论上地下生产力和地上生产力有密切的相关生长关系，因此如果只测定了地上部分的，可以利用该关系计算根系生产力。如在森林中一些研究利用地上或树干生产力乘以一个系数（即假设二者为线性关系）来估算粗根生产力（Su et al.，2007；Aragão et al.，2009；Girardin et al.，2010）。

3.3.2.2　凋落物产量测定

凋落物产量（DP）理论上应包括枯落物产量（L）和自然死亡个体生物量（Mor，如由于自然老死、自然稀疏等非病虫害，干扰导致的死亡），但在森林中一般研究采用收集框测定的都是枯落物产量（L），立木枯损生物量或蓄积量（Mor）一般通过样地复查才能得到。对于复查期间枯损的树木，如果文献没有记载是自然灾害（如火灾、风灾、病虫害）导致，这里规定都算作凋落物产量（虽然少量个体可能是病虫等导致的死亡），否则算作干扰损失（NR）。

枯落物产量（L），地上部分的测定方法一般为在样地中设置若干个凋落物收集框，根据收集到的凋落物量换算为单位时间、面积的枯落物生产速率。常分为叶、小枝（twig，一般指直径<2 cm 的枝）、繁殖器官（花、果）、其他等几类进行统计（如张新平等，2008）。

这种方法基本上是收集不到枝（branch，直径>2 cm）的枯落产量的，相关实测工作也较少。枝的枯落产量在原始林中可能比较重要（如 Chambers et al.，2001），因此一些研究采用文献值或按比例推算（如 Aragão et al.，2009；Girardin et al.，2010）。

3.3.2.3　非呼吸消耗

非呼吸代谢所消耗的光合产物（NR）包括各类自然和人为干扰（如火灾、病虫害、动物啃食、森林间伐以及农林产品收获等）。在森林中，动物取食量由于比例很小且不易测定一般忽略（如 Graumlich et al.，1989），其余损失文献一般会以采伐、灾害死亡蓄积量形式记载（注意 3.3.2.2 节）。

3.3.2.4 NPP 测定和计算

1）植被 NPP

（1）生物量调查法：即通过测定植被各组分生物量的变化（ΔB）、凋落物产量（DP）和干扰损失的生物量（NR）进行计算：$\mathrm{NPP} = \Delta B + \mathrm{DP} + \mathrm{NR}$。该方法的优点在于可以得到植被各层次（如乔、灌、草）、木本层各器官（如干、枝、叶）的 NPP。在实际测定计算中，由于某些组分很小（如森林草本层 ΔB、干扰损失量）可以忽略，很多文献报道的 NPP 是不包括这些组分的，在数据收集时需要对这些忽略的层次进行备注说明。

但乔木层凋落物产量可占 NPP 的很大比例（如方精云等，2006），是不能忽略的。此外，细根 NPP 有专门算法，见下文“3）根系 NPP”部分，不能采用上述公式。

（2）涡度相关法：在长期观测时间尺度上，$\mathrm{NPP} = R_h - \Sigma Fc$（即 NEE）。其中，$R_h$ 为生态系统异养呼吸（可以通过气室法观测获得），Fc 为植被-大气间的 CO_2 通量，NEE 为净生态系统交换量。与上述方法相比，涡度相关法可以对陆地生态系统实现非破坏性的植被 NPP 估算。

2）地上器官 NPP

除了上述生物量调查法可得到各器官的 NPP 外，地上各器官 NPP 的获得还有其他一些方法。

（1）收获法：对于一年生草本植物群落，其现存生物量可视为 NPP，多用于农作物、草地等生态系统。为使结果更精确，可在整个生长季多次取样，并对植物地上和地下部分分别取样测定。但在工作量较大时，常在生长旺季收获一次，用于测定地上部分 NPP（如 Ma et al.，2010）。

（2）凋落物法：用于叶、枝、冠层 NPP 测定。在原始林中，可假设森林处于或接近稳定状态，并假设动物啃食损失和凋落物落地前的分解可忽略，叶、枝、冠层 NPP 可认为等于凋落物年产量（如 Aragão et al.，2009；Girardin et al.，2010）。

（3）比例法：一些研究未测定某些器官的 NPP，采用文献获得的与其他器官 NPP 的比例（或相关生长关系）进行估算，这一点与下面的文献值法是不同的。如采用枝 NPP 和树干 NPP 的比例关系估算枝的 NPP（Girardin et al.，2010）。

（4）文献值法：未测定某些器官的 NPP，直接用同一或相似地点、林型的测定值，如采用文献值平均算出枝 NPP（Aragão et al.，2009）。在同一样地的测定结果，被后续文献使用的，不属文献值法。

3）根系 NPP

根系的 NPP 测定十分困难。理论上，地下 NPP（BNPP）包括如下部分（Lauenroth，2000）：

$$\mathrm{BNPP} = \Delta B + \mathrm{DP} + \mathrm{NR} + E \tag{3-11}$$

式中，E 为分泌物等损失（exudation and slough），其余缩写同上。E 一般忽略。

采用上述“生物量调查法”只能测定所谓粗根（直径>2 mm）的生产力。同时由于其凋落物产量（DP）和干扰损失（NR）很难测定，故得到的 NPP 实际上多是粗根 ΔB。但由于一般认为根系的周转主要由直径<2 mm 的细根的周转所构成，而粗根的寿命很长，对根系周转的贡献很小（郭大立，2007）。因此也可假定粗根的 NPP≈ΔB。

也是因为这个原因，目前关于根系周转的研究基本都是针对细根的，也发展出了很多细根的研究方法。但各种细根的测定方法中，除了碳同位素法，其余方法往往没考虑动物啃食（NR）和分泌物损失（E）；而 DP（根死亡和脱落）则除了微根管法，其余方法也往往忽略（Lauenroth，2000）。因此，不少采用这些方法的文献中所测定的 BNPP 可能也是 ΔB，是否忽略了其他组分因具体的测定、计算方法而异。但是，由于相关测定、计算方法很多，细节也较为复杂，不是数据收集者在短期内能掌握，并进行准确判别的。因此这里只能按照文献的报道作为 NPP 处理。

以下方法一般用于测定较细根系，如草地生态系统的根生产力（Gao et al.，2008），或者森林中的细根生产力（Aragão et al.，2009）。细根一般定义为直径小于 2 mm 的根，但也有研究采用的为直径小于 5 mm 的标准（张小全和吴可红，2001；郭大立，2007）。细根的周转可消耗陆地植被 NPP 的 30%以上。因此，近年来细根的研究日益受到重视，即使在复杂的热带雨林生态系统中也有很多系统的测定（如 Malhi et al.，2009；Girardin et al.，2010）。

（1）根钻法：通过在一至几年中，多次钻取土芯测定根生物量（直径常为 5～10 cm），即可对根的生物量年生长量、死亡量、周转率进行计算。根系生产的计算方法有：①极差法（max-min method），计算最高和最低细根总生物量或活根生物量之差；②积分法（integral method），将各次测定的细根生物量或活细根生物量的净增长（正值）累加；③决策矩阵法（decision matrix method），根据各次测定活细根和死细根的相对变化来计算细根生产力；④分室通量模型（compartmental flow model），根据一年中各次测定期间细根生物量（死根和活根）的变化和分解量进行计算。详见相关文献（如黄建辉等，1999；Lauenroth，2000；张小全等，2000）。

根钻法是研究细根生物量、生产和周转最常用的方法。但也存在很多问题，如没有考虑细根分泌、呼吸、脱落等损失等（如张小全等，2000）。计算中极差法、积分法也可能导致误差，相对而言分室模型法由于考虑了细根的生长、死亡和分解，因此在理论上比其他 3 种计算方法更客观。

（2）内生长土芯法（in-growth core）：在样地内选择若干个点，每个点钻取一定深度的土样，过筛去除所有根（或直接用砂土，不用原位土壤），然后将无根土装入网袋中回填。过若干年后将土芯分次取出，测定根生物量，也可得到根的生物量年生长量、死亡量、周转率。有研究表明，由于生长袋法忽略了观测期细根的周转及对细根的切割伤害，可能造成细根生产力的低估（张小全等，2000）。

碳、氮平衡法是利用土壤中元素平衡估计地下生产力的间接方法。

（3）碳平衡法：基于物质守恒，可得如下概念模型：

$$\mathrm{BNPP}(\mathrm{TRCA}) \approx R_s - P_a + E + \Delta C_r + \Delta C_s \tag{3-12}$$

式中，根系总碳分配（total root carbon allocation，TRCA）即根生产力，R_s 为土壤呼吸，

P_a为地上凋落物输入，E为淋溶或侵蚀损失，ΔC_r为根系碳（粗根+细根）的变化，ΔC_s为土壤碳的变化。

对于处于或接近稳定状态的生态系统，可以推得：

$$R_h \approx P_a + P_b \tag{3-13}$$

式中，R_h为异养呼吸，P_b为地下凋落物产量。

由于异养呼吸不易测定，但土壤呼吸（$R_s = R_h + R_r$）较易测定，可得地下生产力：

$$\mathrm{BNPP} = P_b + R_r \approx R_s - P_a \tag{3-14}$$

式中，R_r为活根呼吸。

这样就把估计地下生产力的问题转换为估计土壤呼吸和地上凋落物生产的问题了（推导过程详见黄建辉等，1999；Lauenroth，2000）。此法估计的地下生产力不仅包括了所有来自乔木层根的生物产量，也包括土壤中其他层次根的生物产量。

（4）氮平衡法：利用对植物生长有限制作用的营养元素，通过该元素在系统各个部分中输入、输出的平衡计算，从而确定分配到细根中的量。再通过细根中该元素的含量来计算出细根的生物量。在这一方面，氮通常被认为是一个比较合适的元素，因为氮在许多森林生态系统中是一个起限制作用的营养元素。该方法假定细根生产受土壤矿化氮控制，并假设：①根系不存在氮的转运；②稳态条件；③可矿化氮全部被植物吸收；④氮限制植物生长。通过对生态系统氮输入、植物氮贮量变化和土壤氮的矿化速率的测定，对细根生产进行估计。

假设所有可利用氮（N_a）均被植物吸收并分配至地上凋落物（N_{al}）、木质器官（N_w）、细根（N_{fr}，这里假设可以忽略粗根的年增长），则分配到细根中的氮量为：

$$N_{fr} = N_a - N_w - N_{al} \tag{3-15}$$

有效氮（N_a）计算基于如下假设：

$$N_a = N_m - N_p - N_l - \Delta N_s \tag{3-16}$$

式中，N_m是土壤氮矿化速率，N_p为降水时氮的输入量，N_l为氮的淋溶损失，ΔN_s是土壤中在测定期间氮的贮存量的变化。N_l通常小于0.1g/(m^2·年)，ΔN_s通常为零。

通过上述方法得到N_{fr}，并测定细根中氮的平均浓度N_{conc}，可得细根生产力（NFRP）：

$$\mathrm{NFRP} = N_{fr} / N_{\mathrm{conc}} \tag{3-17}$$

其他细节详见相关文献（如黄建辉等，1999；Lauenroth，2000；张小全等，2000）。

上述方法均属于生物量平衡法，是通过对细根生物量测定来估计根系周转。另一类方法则通过对细根寿命或细根中碳的留存时间来计算根系周转，进而得到细根生产力。包括微根管或根室法，以及碳同位素法（郭大立，2007）。

（5）微根管法：通过在样地中埋入一定数量的微根管，测定细根长度和直径、细根的死亡、生命周期和分解等，结合其他手段（如根钻法），可以对细根的生物量，生产、死亡、分解、周转量等进行测定（如Girardin et al.，2010）。与根钻法等比较，一些研究认为微根管法低估了表土层细根量，而夸大了深土层细根量。根钻法与微根管法估计的平均细根量具有很好的相关关系，因此两种方法常结合使用。

（6）根室法：根室是建于地下的根系观察实验室（玻璃房）。通过根室内的玻璃壁，对细根的出现、伸长、衰亡、消失进行连续观察和监测。随着微根管技术的发展，根室法的应用越来越少。

（7）碳同位素法：通过对细根中碳同位素含量测定来估计细根存活时间，从而推算出细根周转率。碳同位素法分为 ^{14}C 法、^{13}C 法两种，详见文献（如 Lauenroth，2000；郭大立，2007）。

除了上述两大类方法外，文献中还有一些其他的方法。

（8）生态系统碳平衡法：该方法要求除（细）根以外的其他部分生物量以及碳分配比率已知，通过尺度转换技术或直接测定方法获得生态系统水平的净同化量和呼吸速率，然后倒推出（细）根生产力（如 Burke et al.，1994）。

（9）淀粉含量法：基于细根生产所需碳与植物器官（如树干和粗根）中淀粉含量和温度有关，通过测定器官中淀粉含量来估计细根生产力。但淀粉含量与细根生产的关系因树种和立地条件而异，因此应用此方法需测定每个树种和立地条件上对应的相关关系。测定方法参见文献（如黄建辉等，1999）。

3.3.3　呼吸测定

生态系统呼吸包括自养呼吸（R_a）和异养呼吸（R_h）。自养呼吸即植被呼吸，包括地上部分和根的呼吸。异养呼吸包括土壤和凋落物层的微生物、土壤动物呼吸。

在实际测定中，地上和地下部分的呼吸是分别测定的，一般测定的土壤呼吸包括了异养呼吸和根系自养呼吸，但可用试验手段将二者分解开。

3.3.3.1　植被呼吸（R_a）测定方法

（1）累加法：该方法用于森林群落。分别对林木不同器官（茎、枝、根、叶）取样测定呼吸速率，可离体或活体测定，测定方法常采用碱吸收法、红外 CO_2 分析仪测定等方法。然后根据非同化器官呼吸速率与其表面积正相关、叶呼吸速率与重量正相关的原理，以及温度-化学反应速率定律等，推算出群落年呼吸量（详见方精云，1999）。

（2）涡度相关法：利用此法可测得生态系统呼吸 NEE、GPP 等，辅以土壤呼吸等测定，可得植被呼吸（于贵瑞，2018）。

3.3.3.2　土壤呼吸测定方法

土壤呼吸（soil respiration），指土壤释放二氧化碳的过程，严格意义上讲是指未扰动土壤中产生二氧化碳的所有代谢作用。包括三个生物学过程（即土壤微生物呼吸、根系呼吸、土壤动物呼吸）和非生物学过程（即含碳矿物质和有机质的化学氧化作用）。非生物学过程比例极小、一般忽略。

土壤呼吸的测定包括间接法和直接测定法。间接法是利用其他指标如 ATP 含量来进行推算呼吸速率，需要建立所测定指标与土壤呼吸之间的定量关系，但这种关系一般只适用于特定生态系统中。因此间接法近来使用很少。

直接测定法可分为静态气室法、动态气室法和微气象法三类。

1）静态气室法

静态气室法是以气室插入土壤中，收集一段时间内土壤排放的CO_2，对气室内CO_2浓度进行测定，得到土壤呼吸速率（单位时间、面积的土壤CO_2释放量）。静态气室法包括碱吸收法和密闭气室法。

（1）碱吸收法：把盛有碱溶液（NaOH或KOH）或固体碱粒的容器敞口置于气室内，放置一段时间后，因部分碱液吸收CO_2形成碳酸盐，用中和滴定法或重量法计算出剩余的碱量，根据公式计算出一定时间内土壤释放的CO_2量。研究表明，森林中碱吸收法测定的结果可能偏大。

（2）密闭气室法：将一无底无盖的管状容器一端插入土壤中，经过一段时间的稳定后加盖，然后用针状连接器以一定的时间间隔抽取气体样品放入真空容器内，用气相色谱仪（如沙丽清等，2004）或红外分析仪（如刘绍辉等，1998）测定其中CO_2的浓度，从而计算得出土壤中CO_2的排放速率。

2）动态气室法

动态气室法是目前野外测定最常用的方法。用不含CO_2的空气或已知浓度的CO_2，以一定的速率通过一密闭容器覆盖的土壤样品表面，然后用红外气体分析仪测量其中气体的CO_2含量。根据进出容器的CO_2浓度差，计算土壤呼吸速率。动态气室法通常包括动态密闭气室法、开放气流红外CO_2分析法。

（1）动态密闭气室法：通过一个密闭的采样系统连接红外气体分析仪对气室中产生的CO_2进行连续测定。

（2）开放气流红外CO_2分析法：通过气流交换方式的采样系统连接红外体分析仪对气室中产生的CO_2进行连续测定。

3）微气象法

微气象学方法是通过测量被测气体的浓度和近地层的湍流状况来获得该气体的通量值，主要包括质量平衡法、能量平衡法、空气动力学法、涡度相关法等，其中涡度相关法目前最常用。

涡度相关法：在植物的冠层高度范围内，涡度相关法测定CO_2排放不受生态系统类型的限制，特别适合测定较大范围内土壤CO_2排放，其中土壤-植物系统与大气之间的水汽、CO_2、能量的测定尺度均超过1 km。这种方法的另一个优势就是对土壤系统几乎不造成干扰。具体原理、方法见相关文献（如于贵瑞，2018）。

3.3.3.3 根系呼吸测定方法

根呼吸的直接测定方法有离体根法、PVC管气室法等，另有一些用于分离土壤呼吸中根系和微生物呼吸的间接测定方法。

（1）离体根法：从林木根系中切除待测根后，在大气或者土壤CO_2浓度环境下迅速测定离体根呼吸。该方法的优点是操作简单，可以测定对温度的响应曲线，常用于森林生态系统中，缺点是对根系破坏性较大，且出现创伤呼吸，不能重复测定同一样品。对根样的测定结果可利用上述方精云（1999）等文献的方法推算整个林分的根系呼吸。

（2）PVC 管气室法：从植物干基部出发，沿根生长方向寻找合适的根安装 PVC 管气室，测定 PVC 管气室中的 CO_2 含量。粗根 PVC 管安装完后可以重复测定，细根 PVC 管气室则只能即安装即测（因为细根周转快）。此法的优点是可以重复和连续测定同一根样品。缺点是只能测定表层的根，而且安装 PVC 管气室时，会扰动立地条件，改变根微环境，操作难度大，工作量大。

另外还有一些方法，用于区分土壤呼吸中的微生物和根系呼吸，同样可以间接测定根系呼吸（见 3.3.3.4 节）。

3.3.3.4　异养呼吸（R_h）测定方法

异养呼吸的测定一般包括：培养法、成分综合法、根生物量外推法、根移除法、挖沟隔离法、林隙法、同位素脉冲标记法、^{14}C 连续标记法、^{13}C 连续标记法等（程慎玉和张宪洲，2003）。其中培养法野外测定中较少使用。

1）培养法

培养法就是将测定样品中的土壤微生物经室内培养后，用瓦尔堡（Warburg）微量呼吸检压仪测定微生物呼吸速率，微生物数量用稀释平板法测定。这种方法的缺点在于根际微生物数量和活性明显高于非根际土壤，而且根际微生物的活性极大依赖于根际创造的微域环境，因此此方法可能会低估微生物呼吸的作用。

2）成分综合法

成分综合法就是将土壤呼吸的不同组成成分分别测定，如根、无根土壤和凋落物各部分释放的 CO_2 量，可在室内测定。如果各个成分释放量之和接近于样地测量的土壤总释放量，说明实验的准确率较高。另外，一般还需要在样地测定不同成分释放量以进行比较。但也有实验只是测定土壤呼吸速率，以及凋落物与根部两部分的呼吸速率，然后相减得出无根土壤的呼吸速率作为土壤微生物呼吸。相关计算公式见文献（如程慎玉和张宪洲，2003）。该方法适用于森林、草原、农田等生态系统。

成分综合法在 20 世纪 70 年代初开始使用，其缺点在于根系呼吸需要离体测定，对各个部分的分别测定会破坏土壤的自然状态，同时其测定结果并不一定就是各部分原位的呼吸速率。

3）根生物量外推法

根生物量外推法的原理是根据根系生物量梯度上土壤呼吸变化趋势外推对根系呼吸量占土壤总呼吸量的比例进行估计。具体是选择一系列根系生物量差异尽可能大的不同样点（可通过地上植被相对丰富度指示），对土壤呼吸总量和相应吸收面积下根系生物量进行同时测定，即可获得两者之间的相关关系，外推到根系生物量为 0 时的土壤呼吸速率就是净土壤呼吸（异养呼吸）速率。土壤净呼吸为根系生物量与土壤呼吸量关系直线的截距，根系呼吸为土壤呼吸基础之上的净增加值。如李凌浩等（2002）在内蒙古锡林郭勒利用 10 个测点生物量和土壤呼吸的关系，估算了根系呼吸占土壤呼吸的比例。

这种方法可能有多种因素会导致误差，详见程慎玉和张宪洲（2003）等文献。

4）根去除法

根去除法是间接的测定根系呼吸的方法，它通过测定有根和无根情况下的土壤呼吸得出根系呼吸，多用于森林生态系统。现有根去除法大致可分为3种：根移除法、挖沟隔离法和林隙法。

（1）根移除法（root removal）：原理是将根移除后，把土壤返回原处，并采取措施防止根的渗入，然后分别测定样地（即异养呼吸）和对照地的土壤呼吸，它们的差就是根系呼吸的分量。

移除根的深度应该到达该类生态系统大部分根系分布的深度，并需防止根的渗入。由于本方法对土壤自然性状的干扰，初期可能有大量的土壤CO_2释放，等CO_2的释放速率恢复平衡后，测定结果才是合理的。根移除法的优点在于人为造成的大量死根分解没有计入CO_2排放量。利用根移除法也可以测定根生物量，这是一个重要的参数，可以用来推算根系呼吸分量。缺点在于劳动量较大，同时，移除过程中不可避免地破坏土壤自然性状，改变土壤原有剖面，一定程度上影响了土壤有机质的分解，还可能改变土壤的湿度条件，从而对土壤微生物的活动产生较大的影响。

（2）挖沟隔离法（trenching）：在样地四周通过挖沟将现有根隔离开，并采取措施阻止样地内新根的生长，过一段时间后测定样地的土壤呼吸（视为土壤微生物呼吸），然后与对照地数据相比较，得出根系呼吸占土壤总呼吸的比例。

挖沟隔离法的一个重要问题是样地内的根只是隔离而没有迁移走，残留根的分解对其结果将有很重要的影响。还有可能是根系没有完全死亡（如地下茎类无性系植物在地下具有萌生能力），还会导致根系呼吸。因此在样地选择时，可尽量选择根生物量较小处，避免大的根的影响。同时土壤呼吸的测定应在残留根分解完全后，一般为隔离后几个月。为了避免新生根的影响，应该对样地表层不断清理，以确证没有新的植物生成。由于残留根的分解时间较长，挖沟隔离法适合于以年为单位的测定。但长时间区别于对照地，也可能导致样地土壤自然性状、有机质含量、温度和湿度的变化，从而一定程度上影响到结果的可靠性。

（3）林隙法（gap formation）：其原理是选定一个较大区域，把地上部分植被割除，一定时间后测定样地的土壤呼吸速率，可以认为这时的呼吸速率是无根土壤的呼吸速率，与对照的数据进行比较，可以得出根系呼吸所占土壤总呼吸的比例。

因为没有与四周隔离开，要杜绝新根的产生就应该选择足够大的样方，但也不要大到土壤的物理性质在样方内不同。测定的时候应当在样方的中心选点。在温度和湿度上样地和对照地也要保持一致，温度的控制可以通过对样地的遮阴，湿度的控制可以通过覆盖透气物质减少土壤水分的蒸发。与挖沟隔离法相似，林隙法存在残留根问题，如果能周期性地对残留根密度进行测定，将有助于确定方法的可靠性。另外在样地内需采取措施阻止植物的生长。相对于前两种根去除法，林隙法在劳动量上占有优势。它的缺点在于残留根的分解需要较长时间，且在这段时间对样地的环境条件严格控制比较重要，也有一定困难。

5）同位素标记法

同位素标记法是利用碳的同位素在植物体内和土壤有机物中的差别，对根系呼吸和土壤有机物分解进行区分的方法。放射性的 ^{14}C 或稳定的 ^{13}C 都可以用来跟踪土壤呼吸的产生。同位素标记法相对前述方法的优点在于它能够原位测定，避免了干扰效应和土壤碳库的重新平衡。该方法多用于草地、农田生态系统的测量。根据同位素的标记时间选择，同位素标记法大致可以分为脉冲标记法和连续标记法。

（1）同位素脉冲标记法：脉冲标记法包括单次脉冲标记法和重复脉冲标记法。单次脉冲标记法是一次性地加入微量元素（通常是 ^{14}C 或者 ^{13}C）标记的碳，以计算标记碳在植物内的分配和在一定时间内地上、地下植物部分标记碳的呼吸量。重复脉冲标记法和单次脉冲标记法大致相同，不同的是同位素标记的碳在植物的生长季节需多次注入。

同位素的标记有几种方式。一种是对植物进行茎注射 ^{14}C 蔗糖，假定 ^{14}C 只在植物体内分配，对土壤有机物没有影响，完全分配后，测定土壤总呼吸中 ^{14}C 的含量可以得出根系呼吸的贡献率。另一种是向土壤中注入标记的模拟根际沉降物质或不同浓度的标记底物，并假设从标记土壤上释放的 $^{14}CO_2$ 都源于微生物呼吸。同时也有向无根的土壤中添加 ^{14}C 标记物，经过一个生长季的时间后测定剩余的未分解物的量，以损失量代表土壤微生物的呼吸量。

（2）同位素连续标记法：连续标记法是在植物生育期内实验室（实验棚）或大田环境下对植物进行完全的辐射。连续标记法相对于脉冲标记法的优点在于：①提供了较均匀的对植物碳库的标记；②保持了稳定状态，使计算简化。它的缺点在于：①不适合研究植物碳动态的短暂变化；②设备的昂贵及笨重使此方法在大田特别是森林的应用较困难；③长时间辐射使土壤有机物也具有了同位素显示，不利于同根系呼吸的区分。

常用方法包括：①原子弹 ^{14}C 连续标记法。此方法利用了 20 世纪五六十年代全球核试验增加的大气 CO_2 中 ^{14}C 含量，该含量在 60 年代达到峰值，相当于进行了全球性的长期标记实验，并导致了植物和土壤碳库的均匀标记。通过测定大气 CO_2、土壤有机物、土壤呼吸速率中的 ^{14}C 丰富度可以量化根系呼吸对总呼吸的贡献。②稳定同位素 ^{13}C 连续标记法。此方法利用 $\delta^{13}C$（^{13}C 在物质中的含量）的同位素分馏效应。根系呼吸和土壤有机质的分解一般无 CO_2 的分馏效应，而根系、凋落物和土壤有机碳具有不同的 $\delta^{13}C$ 值，因此根据各贡献源的 $\delta^{13}C$ 值差别可以得出其贡献率。

3.3.4　生态系统碳收支测定

观测生态系统碳收支各组分的方法主要有清查法、气室法、涡度相关法、模型和遥感评价法等（于贵瑞等，2006）。后两种方法估算的数据不属本规范收集的范围。

（1）清查法：即通过测定植物和土壤碳储量的时间变化来确定生态系统碳通量。这种方法往往观测周期较长，通常需要几年以上的数据积累才能观测到生态系统植物和土壤碳含量的变化。难以获取短时间内的快速环境变化及生态系统的生理生态响应机制方面的信息。但该方法是传统使用的基本方法，结合植被和土壤呼吸的测定，可以得到

GPP、NPP、NEP、NBP 等各生态系统碳循环参数（如方精云等，2006；马泽清等，2008）。

（2）气室法：利用动态或静态气室法测定植物叶片光合或土壤呼吸也是直接测定生态系统碳通量组分的传统方法之一。这种方法的观测设备成本低，便于进行不同类型生态系统或管理模式间的比较。但是，该方法对于森林等高大植被的测定有一定困难。此外，该种观测方法还会明显地改变植物周围的气压、风、CO_2浓度、温度和土壤的水热平衡等微气候环境（于贵瑞等，2006）。

（3）涡度相关法：通过测定垂直风速与大气中CO_2和水汽浓度脉动量的协方差来确定植被-大气间 CO_2 和水汽通量。其优点之一是能够在对下垫面植被及周围环境干扰最小的情况下，长期连续观测植被-大气间的物质和能量通量（于贵瑞等，2006）。

该方法可直接测定 NEE，通过将夜间生态系统呼吸数据建立的生态系统呼吸函数关系外延到白天以获得白天生态系统呼吸数据，可以得到生态系统呼吸（R_e）、总生态系统交换量（GEE）、GPP 等数据（如刘允芬等，2006）。结合异养呼吸的测定，还可得到 NPP 等指标。

（4）其他通量测定方法，如波文比-能量平衡法、空气动力学法等（于贵瑞，2018）。

3.3.5 凋落物分解测定

凋落物分解通常用分解网袋法测定。即先把样地中新鲜凋落物取样带回室内恒温烘干至恒重，计算凋落物的平均含水量，然后再称一定质量的凋落物样品装入网眼大小不同（依据研究目的不同）的尼龙网袋中，计算每袋中样品的干重作为分解实验的起始值。（依研究目的不同）把凋落物袋放在样地表面或埋藏入土，隔一段时间回收部分网袋（根据生态系统、植物种类、凋落物类型、气候条件而定，一般前期回收频率高，后期可低些）。每次从各样点分别取出一至几个样品袋，将样品带回室内，去除杂物，烘干称重，测定损失量及分解速率。

分解过程一般采用指数衰减函数拟合（张德强等，2000）：

$$X_t / X_0 = e^{-kt} \tag{3-18}$$

或采用修正的指数衰减函数：

$$X_t / X_0 = a \times e^{-kt} \tag{3-19}$$

式中，X_t为分解时间 t 时的凋落物干重，X_0为凋落物初始干重，X_t/X_0即为凋落物剩余比例；k 是分解常数，一般以年为时间单位，是反映凋落物分解速率的主要参数；a 为修正系数。

一些文献中，还通过拟合出的函数计算凋落物分解 95%等所需的时间（$t_{95\%}$），作为另一种反映分解速率的测度（如吴鹏等，2016）。

3.3.6 叶面积指数测定

叶面积指数（LAI），是指单位土地面积上植物叶片总面积占土地面积的倍数。即：叶面积指数=叶片总面积/土地面积，与群落生物量、生产力都有密切关系，被一些研究用于估算群落生产力（罗天祥，1996；李文华和罗天祥，1997）。因此也是需要收集的重要碳循环属性。群落调查中常用的方法如下。

（1）比叶面积法：以不同物种的比叶面积系数乘以叶的生物量而得到群落的总叶面积，然后换算为单位面积的叶面积（如罗天祥，1996；李文华和罗天祥，1997）。

（2）冠层图像分析法：该方法是利用 CI-100、W INSCANOPY 等仪器，通过获取和分析植物冠层的半球数字图像来计算叶面积指数。其原理是通过鱼眼镜头和数码相机获取冠层图像，利用软件对冠层图像进行分析，计算太阳辐射透过系数、冠层空隙大小、间隙率参数等，进而推算有效叶面积指数。

（3）辐射测量法：该方法是利用 LAI-2000、TRAC 等仪器，通过测量辐射透过率来计算叶面积指数。仪器主要由辐射传感器和微处理器组成，它们通过辐射传感器获取太阳辐射透过率、冠层空隙率、冠层空隙大小或冠层空隙大小分布等参数来计算叶面积指数。

（4）经验公式法：利用植物的胸径、树高、边材面积、冠幅等容易测量的参数与叶面积或叶面积指数的相关关系建立经验公式来计算。如叶面积指数与胸径平方和树高的乘积有显著的指数相关性，边材面积与叶面积具有很高的相关性，林冠开阔度与叶面积指数呈较好的指数关系。

（5）点接触法：用细探针以不同的高度角和方位角刺入冠层，然后记录细探针从冠层顶部到达底部的过程中针尖所接触的叶片数目，从而计算叶面积指数。该方法是由测定群落盖度的方法演进而来的，在小作物、草本群落的叶面积指数测量中较准确，但在森林中应用比较困难。

（6）消光系数法：该法通过测定冠层上下辐射以及与消光系数相关的参数来计算叶面积指数，前提条件是假设叶片随机分布和叶倾角呈椭圆分布，由比尔-朗伯定律（Beer-Lambert law）计算叶面积指数。但需要测定和推算特定植物冠层的消光系数。

3.4　文献数据收集表及填写说明

数据收集表分为 5 个部分（表 3-2），包括需要从文献中收集的属性：①数据基本情况；②地理属性；③群落属性；④碳循环属性；⑤备注；另外，还有附表用于收集叶、根等器官的功能性状，以及生物量方程等方面的信息（附录 3）。以下逐一说明。农田和沼泽生态系统由于具有一定特殊性，可采用附录 3-3《“农田生态系统文献数据收集表”及其说明》和附录 3-4《“沼泽湿地生态系统碳收支数据收集表”及其说明》的数据收集表，填写说明见附录 3-3 和附录 3-4。

3.4.1　填写流程和常见情况的处理

3.4.1.1　*表格填写流程*

（1）下载文献电子版（纸本文献扫描成 PDF 后按电子版处理），修改文件名。

PDF 文件命名方法为：数据编号去掉最后的数据序号_文献名称，如“BJFU-

表 3-2 陆地生态系统碳收支数据收集表

收集单位

数据编号			收集人		检查人		刊物/书名			发表年		备注
文献												
1. 地理属性	洲、国家		地点					样地号		气候带		
纬度（°）		经度（°）		海拔（m）		坡度（°）		坡向		年降水（mm）		
土壤类型		土壤质地		土壤厚度（cm）		容重（g/cm³）		土壤含水率（%）		年均温（°C）		
有机碳含量（%）		土壤氮含量（%）		土壤磷含量（%）								
2. 群落属性	样地面积（m^2）		生态系统类型		二级植被类型		群落类型				调查时间	
森林乔木层：	常绿/落叶		森林起源		郁闭度（%）		林龄（年）		演替阶段			
平均胸径（cm）		平均树高（m）		林分密度（/hm^2）		最大树高（m）		TBA（m^2/hm^2）		蓄积量（m^3/hm^2）		
3. 碳循环属性	碳储（生物）量	单位	测定方法	ΔC	单位	测定方法	凋落物产量	单位	NPP	单位	测定方法	
乔木层												
地上												
干（+皮）												
枝												
叶												
其他												
地下												
灌木层												
地上												
地下												
草本层												
地上												
地下												
植被合计												
地上												
地下												
死生物量							呼吸	测定值	单位	测定方法	凋落物分解	
土壤							植被呼吸				速率	
生态系统合计							地上呼吸					
地上							根系呼吸					
地下							异养呼吸				模型	
生态系统碳通量[t C/(hm^2·年)]	GPP	NPP	NEP	NR	NBP		土壤呼吸					
							生态系统呼吸				器官	
测定方法												

ZWSTXB-WXM-1_小兴安岭 7 种典型林型林分生物量碳密度与固碳能力”。数据编号详见下文 3.4.2 节。

（2）每位收集人员在 D 盘建立如下目录：D:/碳收支数据收集文献/收集单位缩写/刊物名/。如：D:/碳收支数据收集文献/BJFU/植物生态学报/所收集文献。在该目录下存放所收集文献的电子版，以便汇总不同单位和人员所收集的文献。

（3）在 Endnote 软件中录入文献记录（可从谷歌学术等网站导入），并将文献 PDF 链接到该文献记录上。该 Endnote 文件最终需要汇总上交，Endnote 文件名可为：收集单位缩写-收集人缩写，如“BJFU-WXM”。

（4）**把数据表格（含附表）打印出来在纸版上填写**、检查、修改，最后统一录入数据库、并进行单位换算。数据库的格式将另行规定。

（5）每张表格的数据，均需由另一人检查、核对，包括数据本身及单位换算等。填写、检查人共同对数据质量负责。

3.4.1.2　一些常见情况处理

由于文献记载数据的格式各有不同，为了统一数据格式以便后期数据分析时使用，这里就一些常见情况做如下规定，一些变量的特定录入格式要求见各变量说明。

（1）如果一篇文献中报道了多个样地的数据，每个样地单独记录一张表（即作为数据库的一条记录）。文献数据为平均值的（如几个样地的平均生物量），每个均值作为一条记录。

（2）对于一些类型变量（如测定方法、植被和森林类型等），由于文献描述各有不同，为了避免给后期数据汇总和分析带来困难，表格设定了常见的标准类型以供选择。无法归入这些类型的，填写“其他”并进行备注说明。

注意：经过数据收集试验发现，部分类型变量的类型判定（如植被垂直带、演替阶段等）对于初学者有一定困难。为了防止填入错误信息，**这里规定：难以准确判断的类别，都统一填写“其他”并进行备注说明**。直到收集数据较多、有一定经验能准确判别后，再根据备注归类。

（3）表格的一个重要目的是记录文献研究方法。为了对记录内容进行标准化，本规范根据 3.3 节的初步总结，给出了常见的方法类别以供选择。但碳循环的环节众多，每个环节的测定方法也很多，还有很多方法有待补充、归类。对于文献中其他方法，先填写“其他”并备注说明。在填写过程中发现某种方法比较常用时，需在本规范 3.3 节的相应方法中填写增加类别的建议，经讨论确定后，设置新的方法类别并统一使用。

（4）文献中碳循环属性的单位使用很不统一，如一些文献中给出的生物量、生产力是以“干物质/样地”为单位，或者采用千克（kg）为质量单位。因此在纸本表格上填写时需认真记录每个变量的单位（即使和上一行一样也需填写），待录入数据库后统一换算为吨（碳）/公顷（t C/hm^2）。注意少量文献给出的生物量是鲜重，如无可靠信息可提供换算为干重的标准，这种鲜重数据不要使用。

地理属性、群落属性的单位文献中相对统一，限于表格空间，表中直接给出了单位。文献单位不同时，换算为表中单位后填入。

（5）一些变量（如经纬度），文献给出的常为数值范围（如 40.00°～50.20°N）。对于这种数据，采用“最小值～最大值”格式记录，如：40.00～50.20。

（6）备注：由于文献中情况千差万别，在测定方法、试验处理、某些条目的具体含义等方面有很多差异，是表格无法体现的。因此，根据 Cannell（1982）等研究，以及数据收集试验的经验，需要对有关重要情况进行认真备注。备注的信息，**对于记录数据、方法的具体差异，尤其是在数据汇总时对类型变量的检查、判定有重要作用。请一定重视记录需要备注的重要信息。**

备注时需说明在表 3-2 中所指的字段。如：

“备注：①碳储量-乔木层-方法：10 株径级标准木；

②碳储量-草本层-方法：（收获法的备注）在 25 个 2 m×2 m 小样方中收获；

③土壤容重、有机碳含量、含水率、pH 等为 0～30 cm 土层；

④……”

常见需要备注的情况：

①**类型变量中，在本表格设定的几种待选类别中，选择“其他”的。**

②测定方法的细节，如上面给出的备注的例子。

③试验处理措施，如施肥试验的处理剂量，采伐试验的采伐强度、时间等，表格空间不够无法填全的。

④其他描述细节，难以在表格中填写的。

⑤**对数据质量如果存在疑问，请备注说明**。一些文献中的数据的计算可能存在问题，如叶、茎、枝生物量等相加与地上生物量值相差较大。

（7）同一样地的不同碳循环组分在不同文献中进行报道的处理：有时，多篇文献报道的是针对同一个（或几个）样地开展的研究，样地碳循环不同组分（如生长量、植被呼吸、土壤呼吸）的测定结果分别在不同论文中报道。常见的一种情况是，在后期的论文中引用了前面论文结果以进行更为全面的归纳和分析。比如，方精云（2006）在对北京东灵山三种林型的碳循环的分析中，其中植被和土壤呼吸的结果分别来自方精云（1999）和刘绍辉等（1998）。这种情况下，在对方精云（2006）的数据收集时，需要在备注中注明植被和土壤呼吸的结果的文献来源。同时，对数据的原始文献，仍需逐篇按照本规范完整记载各种数据，因为后期文献在比较分析中往往只用到部分的碳循环参数（如 NPP），原始文献中还有很多参数是无法包含的；此外，后期文献可能对前期文献进行了计算分析（如取平均值），数值上并不能对应。

（8）表格包含了乔木、灌木、草本等多个群落层次，主要是为了统一字段编号以便录入数据库，一些生态系统没有的层次（如灌丛没有乔木层）相关字段不填写。必要时也可修改本表格，以适应特定生态系统类型的需要。

3.4.2 数据基本情况

（1）收集单位：填入汉字，以便理解数据编号中的缩写。

（2）数据编号：按“数据收集单位缩写-期刊名缩写-收集人缩写-文献序号-数据序

号”格式填写，如“BJFU-ZWSTXB-WXM-1-1”（表示北京林业大学王雪梅收集的《植物生态学报》的第一篇文献中的第一个样地），以避免不同收集单位、收集人、刊物的编号重复。

其中，文献序号和数据序号共同用于反映几条记录来自同一篇文献的情况（同一篇文献中的不同样地可能存在重要的联系，比如，是沿着环境梯度或进行不同试验处理设置的不同样地）。如果一篇文献只报道了一个样地的数据，则不需要数据序号，如“BJFU-ZWSTXB-WXM-1”。

（3）数据收集人、检查人：填入汉字。

（4）刊物/书名、发表年：为方便数据分析，需单独填写。

（5）文献：按照 *Ecology* 期刊的文献格式录入，如：

陈大珂, 周晓峰, 赵惠勋, 王义弘, 金永岩. 1982. 天然次生林四个类型的结构功能与演替. 东北林学院学报, 10: 1-20.

White A, Cannell M G R, Friend A D. 2000. The high-latitude terrestrial carbon sink: a model analysis. Global Change Biology, 6: 227-245.

所收集数据来自书籍的，需注明数据所在章节或页码，以备数据核查，如：

刘世荣, 柴一新, 蔡体久. 1991. 落叶松人工林生态系统净初级生产力的格局与过程. In: 周晓峰. 森林生态系统定位研究（第一集）. 哈尔滨: 东北林业大学出版社: 419-427.

建议在 Endnote 软件该文献的记录中选择 Ecology 输出格式，然后将 Preview 中生成的结果粘贴过来，以保持文献格式统一。

3.4.3　样地地理、环境属性

（1）洲和国家：如“亚洲/中国”。

（2）地点：按照文献描述记录。对于中文文献，应尽量包括如下内容：××省（市、自治区）××市（地区）××县（林业局）××乡（林场、保护区、定位站）××村（林班）或具体位置。

其中省（市、自治区）的信息必须填写。一些早期文献没有提供经纬度，此时具体地点应尽量详细记录，以便利用谷歌地图获取经纬度。如：黑龙江省牡丹江市柴河林业局大青林场 31 小班、黑龙江省帽儿山老爷岭生态定位站等。

外文文献参照上述办法填写。

（3）样地号：文献中记载的样地号，用以在同一篇文献中有多个样地的数据时，方便数据检查。但文献中没有样地号时不要自行编号填入。

（4）气候带：根据文献描述，归入如下类别之一：热带雨林气候、热带季风气候、热带草原气候、热带沙漠气候、亚热带季风气候、地中海气候、温带海洋性气候、温带季风气候、温带大陆性气候、寒带气候、高原山地气候、其他。无法判断的，选择“其他”并备注说明。

（5）经、纬度（°）：按照小数点格式（如 45.10）输入，而不是度、分、秒（如 45°05’）格式。如文献记载为后者，换算后填入。北半球纬度为正值，南半球纬度为负值，不用加 N 或 S，如−45.10 为南纬 45.10°。东经（E）记为正值，西经（W）记为负值。

文献未提供经纬度的，请利用谷歌地图等工具根据具体研究地点获取经纬度。

（6）海拔（m）、坡度（°）：按文献记载填写。

（7）坡向：在“E、SE、S、SW、W、NW、N、NE、平地（无坡向）”中选一，或记录为“东偏南 20（°）”格式，或在“阴坡、阳坡、半阴坡、半阳坡、平地”中选一。若文献记录为其他格式，则需要转换为前两种格式中的一种，无法转换的备注说明。

（8）年降水（mm）、年均温（℃）：一般文献都会提供，其余主要气候指标可填写在“地理属性”模块的空白区。

（9）土壤类型：如褐色森林土、山地黄棕壤等。按文献描述记载，原则是全面、简要记载关键土壤类型信息，以便后期汇总时归类。

（10）土壤质地：如砂土、砂壤、壤土、黏土等，按文献记载填写。

（11）土壤厚度（cm）：注意土壤剖面的挖掘深度不是土壤厚度（一些文献剖面并未挖到母质深度）。

（12）容重（SBD，g/cm^3）、土壤含水率（%）、土壤有机碳含量（SOC，%）、土壤总氮含量（STN，%）、土壤总磷含量（STP，%）：如文献为其他单位，换算为上述单位后填入。如 STN 文献常见单位有%、g/kg、mg/g，换算方法为：氮含量（%）=氮含量（g/kg 或 mg/g）×10。注意一些文献中报道的为有机质含量（如方精云等，2006），请转换为有机碳含量后填入（有机碳含量=有机质含量×0.58）。

以上为文献中最常见提供的指标，其他的土壤指标如砾石含量，黏粒含量，土壤有效氮、磷等填写在空白区。

3.4.4 群落属性

3.4.4.1 样地基本情况

（1）样地面积（m^2）：按照 2000 m^2 而不是 40 m×50 m 的格式记录。

（2）生态系统类型：在“森林、灌丛、草地、荒漠、湿地、农田、城市、其他”中选一。

（3）二级植被类型：在中国进行的研究，在“针叶林、针阔叶混交林、阔叶林、灌丛、荒漠、草原、草丛、草甸、沼泽、高山植被、栽培植被、其他”中选一。国外的研究，无法归入前 11 个类别的，填“其他”并备注说明。

对于“针叶林、针阔叶混交林、阔叶林”，文献未明确记载、需自己判断的，可参考 3.4.4.2 节中常绿/落叶的标准。

（4）群落类型：一般按“草本层+灌木层+乔木层优势种”命名，如泥炭藓-杜香-兴安落叶松林等。很多文献中没有给出下层的优势种信息，在**记录时最好包含冠层的优势种（不止一个优势种的，也列出）**，如紫椴红松林、荆条-酸枣灌丛等。

由于文献中给出的信息千差万别，对群落类型的填写不强求统一格式，而是**建议根据文献的描述简要地包含更多的信息，包括气候带、植被类型（森林、灌丛、草甸、草原、沼泽等）、优势层片优势种、生活型（如针/阔叶、常绿/落叶）、森林起源（人工/天然）等方面的信息**，如温带阔叶红松混交林、兴安落叶松原始林、杨桦次生林、华北落叶松人工林等，都是允许的格式。目的是方便数据汇总时统一归类及核对表中其他相关字段。

（5）调查时间：采用复查法，有两次及以上生物量测定记录时（如方精云等，2006），两次调查时间用“/”隔开，如“1992.06/1994.06”。后文 3.4.5 节碳循环属性表中生物量数值，一般填写第一次的。

3.4.4.2　森林乔木层特征

（1）常绿/落叶：“常绿、落叶、常绿落叶混交”中选一。文献未明确、需自己判断的，可参考如下标准：常绿（落叶）树比例（蓄积、生物量、胸高断面积等比例）>70% 的，为常绿（落叶）叶林，否则为混交林（Wu et al.，2015）。

针/阔叶、常绿/落叶是非常重要的群落特征，在后期数据分析中也有很重要的价值，需注意从文献中提取相关信息。

（2）森林起源：在“原始林、次生林、人工林、人天混”中选一。“人天混”的林分，指对天然林（或人工林）进行改造形成的林分，如天然林中种植苗木、人工林中促进天然更新等措施（如谭学仁等，1990）；或者，人工林长期没有经营管护后很多树种天然更新，并在林分中占据一定的比例。

（3）郁闭度：乔木层盖度一般称为郁闭度，以往常用百步抬头法或目测法，或采用照度计等测定，早期文献常采用小数记录（如郁闭度 0.7）。近年来很多研究采用冠层分析仪测定冠层开度（canopy openness），在单位上不统一。这里统一换算为百分比后填入。

（4）林龄：有的文献没有给出具体林龄数值，但给出了龄级（如：幼龄林、中龄林、近熟林、成熟林、过熟林），也需记录。

（5）演替阶段：在“早期、中期、后期、顶级（阶段）”中选一，难以判断的，填写“其他”并备注说明。

（6）平均胸径（cm）、平均树高（m）、林分密度（/hm^2）、最大树高（m）、总胸高断面积（TBA，m^2/hm^2）、蓄积量（V，m^3/hm^2）：按文献记录填写，文献单位不一致时（如以“/plot”为单位时），换算为上述单位后填入。

3.4.5　碳循环属性

生物量、生产力等数据在文献中既有以干物质质量（t DM/hm^2 或/plot）记载的，也有直接以碳质量（t C/hm^2）记载的。在填写纸版表格时，按文献原数值和单位记载。录入数据库后，所有干物质记载的**生物量、生物量变化率（ΔC）、凋落物产量、NR、NPP 等**数据都需另外设置字段转换为以 t C/hm^2 为单位（文献没有提供含碳率时，×0.5 即可）。

由于文献中各器官的记载很不统一，部分器官又很少记载（如侧根、细枝），这里只保留了主要组分，更细的组分请自行换算为表中组分填入。

3.4.5.1　碳储（生物）量

碳储（生物）量包括植被生物量碳储量、死生物量碳储量、土壤有机碳储量。

1）乔木层碳储量

（1）乔木层：填写乔木层总碳储量，含地上、地下各器官。以下不作特殊说明的，各分项之上的均为总量。

注意：像本变量这样由各组分的数值简单加和得到的数据，下面无专门说明时，如果各组分的测定方法都一样（如茎、叶、枝、根生物量都是相关生长法测定），其测定方法填各组分的测定方法（如在乔木层处，也填写“相关生长法”）；如果各组分测定方法不同，这里的测定方法填写“各组分加和”。下文的“乔木层”“灌木层”“草本层”“植被合计”“生态系统合计”，及其“地上”“地下”等栏目同理。右边 ΔC、NPP 等栏目也同样处理。

（2）地上：干、枝、叶、其他器官的生物量之和。

（3）地上各器官-测定方法：在“收获法、平均标准木法、分层（径级）标准木法、相关生长法、相关生长-平均木法、BEF 法、木材密度法、树高估算法、其他、不详（即没有报道测定方法）”中选一。各方法细节见 3.3.1.1 节中说明。选其他或难以判定的，请备注说明。

注意：即使各器官的测定方法相同（如干、枝、叶、根都采用相关生长法），**每个器官的测定方法都需填写**。这虽然增加了一点工作量，但可以保证不同器官测定方法不同时不漏填，同时，在后期进行同一器官测定方法的比较分析时也很重要。以下同理。

（4）地下：乔木层根系生物量（或生产力），这里指的是粗根的生物量、生产力。乔木层细根国内文献测定较少，限于表格篇幅不在此列出。如有细根测定数据和方法，记录在备注中。

（5）地下（粗根）-测定方法：在“收获法、平均标准木法、分层（径级）标准木法、相关生长法、R/S 法、RS 相关生长法、小样方法、根钻法、其他、不详”中选一。各方法详情见 3.3.1 节等。

2）灌木层碳储量

（1）灌木层：填写灌木层总碳储量（地上+地下）。

（2）地上：干、枝、叶、其他器官之和。

（3）地下：同乔木。

（4）地上各器官-测定方法：在“收获法、相关生长法、平均株法、比例估算法、文献值法、其他、不详”中选一。各方法详情见 3.3.1.2 节。

（5）地下（粗根）-测定方法：在“收获法、相关生长法、平均株法、R/S 法、RS 相关生长法、根钻法、文献值法、小样方法、其他、不详”中选一。

3）草本层碳储量

（1）地上-测定方法：在“收获法、比例估算法、文献值法、其他、不详”中选一。各方法见 3.3.1.2 节中说明。

（2）粗根-测定方法：在“收获法、R/S 法、RS 相关生长法、根钻法、文献值法、其他、不详”中选一。

（3）其他参考乔木层、灌木层。

4）植被碳储量

（1）植被合计、地上、地下：分别填写植被总碳储量（地上+地下）、地上和地下碳储量（乔木层+灌木层+草本层）。

（2）测定方法：无特殊情况时，见 3.4.5.1 节的“乔木层碳储量”中关于各组分加和的注意事项。

5）死生物量碳储量

包括枯立木、粗木质残体（coarse woody debris，含倒木）、地表凋落物、死根的碳储量。地上部分的测定方法一般为收获法（地表凋落物）、木材密度法（枯立木、倒木）（见 3.3.1.4 节），粗根的死根生物量很少有测定。

6）土壤碳储量

（1）碳储量-土壤：填写单位面积（如/hm^2或/plot）的土壤总有机碳储量（SOCD）。

（2）测定方法：这里只填写 SOCD 的估算方法，在“分层法、积分法、其他、不详”中选一，各方法及 SOCD 的定义见 3.3.1.6 节。

7）生态系统碳储量

生态系统碳储量即植被碳库、死生物量碳库、土壤碳库之和。其余注意事项同 3.4.5.1 节中的“植被碳储量”。

3.4.5.2　碳储量（生物量）变化

对于植被来说，碳储量（生物量）变化（ΔC）就是生物量的年净生长量（由于干扰等损失，可能为负值），或生态系统中植被部分的碳源/汇。加上死生物量碳和土壤碳库的年变化量，即生态系统的碳库年变化量（生态系统碳源/汇）。

1）乔木层

（1）ΔC：填写乔木层总量，以及各器官的分量。

注意：很多文献报道的“群落或地上 NPP”并未包含凋落物产量和干扰损失（NR），实际上是 ΔC，请注意核查并将这种“群落或地上 NPP”数据填入 ΔC 一栏中（如 Graumlich et al.，1989，Su et al.，2007）。

（2）地上各器官-测定方法：在“复查法-相关生长法、复查法-BEF 法、年轮全部取样法、平均标准木法、径级标准木法、大树优先取样法、材积生长率法、除年龄法、生物量估算法、LAI 法、其他、不详”中选一。各方法细节见 3.3.2.1 节中说明。

一般地上各器官的测算方法相同（但也需填写）。也有少量文献，不同器官采用不同方法测算，请在相应器官处填写或进行备注。如李文华和罗天祥（1997）中，茎、枝、根等器官采用材积生长率法，叶则采用生物量除以宿存年龄的方法。

（3）地下（粗根）-测定方法：上述地上部分 ΔC 的各测定方法，多可用于测算根系 ΔC。此外，根系 ΔC 还可用“地上生产力估算法”等估算（见 3.3.2.1 节）。

2）灌木、草本层

（1）ΔC 栏：填写灌木（草本）层总量，以及各部位的分量。其他注意事项参考乔木层。但需注意，对于一年生草本植物群落，在生长季对地上部分收获测得的是地上NPP（如果没有干扰的话）而不是 ΔC，不能填在这里。

（2）地上-测定方法：

对于灌木层，在“复查-收获法、复查-相关生长法、除年龄法、文献值法、假设不变、其他、不详”中选一。

对于草本层，在“复查-收获法、除年龄法、文献值法、假设不变、其他、不详”中选一。

“除年龄法”“文献值法”等方法，常用于总（地上+地下）生产力的估算，可填在灌木、草本层的方法栏中。

（3）地下（粗根）-测定方法：除了（2）地上 ΔC 测定中的一些方法，还可用“地上生产力估算法、根钻法”等。

3）植被碳库变化

和植被生物量碳一样，为群落各层次 ΔC 之和。

4）死生物量碳库变化

死生物量碳库变化即两次调查所得各种死生物量之差。测定方法一般为复查法，如采用其他方法，在“测定方法”栏中填写“其他”并备注说明。在处于稳定状态的森林中，由于死生物量常常变化很小，可以忽略，多数文献并没有测定死生物量的变化。在计算生态系统碳库变化时可忽略。

5）土壤碳库变化

土壤碳库变化即两次调查所得土壤有机碳储量之差，测定方法一般为复查法。

如采用其他方法，在“测定方法”栏中填写“其他”并备注说明。

6）生态系统碳库变化

填写要求同生态系统碳储量。

3.4.5.3　*凋落物产量*

凋落物产量（DP）一般都用凋落物框测定（见 3.3.2.2 节），不再设方法一栏。使用特殊方法的，请备注说明。

1）乔木层

（1）地上凋落物产量：一般文献会分为小枝、叶、繁殖器官、其他（碎屑）等几部分（如张新平等，2008），分别填入相应器官栏目中。各器官之和填入“地上”一栏。

（2）地下凋落物产量：由于测定困难，量可能也不大，森林碳收支文献基本没有报道粗根的数据。地下凋落物主要是死亡的细根，可以通过微根管法、根钻法、内生长土芯法等方法测定，见 3.3.2.4 节中的“根系 NPP”。

2）灌木、草本层

参考乔木层的要求填入文献报道的各部分相应值。

3.4.5.4　净初级生产力

（1）净初级生产力（NPP）：分别填写各群落层次、器官的 NPP（$=\Delta C$+凋落物产量 DP+ 干扰损失 NR）。NR 一般量很小，常忽略，如有相关数据，NR 总量记录在“生态系统碳通量”模块中，其余可记录在备注中。

（2）地上各器官-测定方法：在“生物量调查法（适用各器官）、涡度相关法（仅用于植被）、收获法（一年生草本群落）、凋落物法（部分地上器官）、比例法（部分器官）、文献值法（部分器官）、其他、不详”中选一。各方法说明详见 3.3.2.4 节。

（3）地下-测定方法：除了（2）中地上器官 NPP 的部分测定方法可选择外，根系尤其是细根 NPP 有些专门的方法，如“根钻法、内生长土芯法、碳平衡法、氮平衡法、微根管法、根室法、碳同位素法、生态系统碳平衡法”等，详见 3.3.2.4 节中的“根系 NPP”测定方法，可视情况选择。

3.4.5.5　呼吸

（1）植被呼吸（R_a）：指植被的自养呼吸，含地上、地下部分的植被呼吸。

测定方法：在“累加法、涡度相关法、文献值法、其他、不详”中选一，方法详见 3.3.3.1 节。

注意，“文献值法”仅指引用非同一样地的测定值（如同地区、同林型的其他研究报道值）。有些研究针对同一样地的 NPP 测定、植被呼吸、土壤呼吸结果分别是在不同论文中报道的（这种情况比较常见），并在后期论文中引用前面论文结果（如刘绍辉等，1998；方精云，1999；方精云等，2006），应填写相应论文中记载的测定方法，并备注来自哪篇论文。

（2）地上呼吸：填写植被呼吸中地上部分的呼吸速率。测定方法在“累加法、涡度相关法、文献值法、其他、不详”中选一。

（3）根系呼吸：填写根系呼吸测定结果。测定方法在“累加法、离体根法、PVC 管气室法、根生物量外推法、根移除法、挖沟隔离法、林隙法、同位素脉冲标记法、同位素连续标记法、文献值法、其他、不详”中选一。各方法见 3.3.3 节说明。

（4）异养呼吸（R_h）：应包括土壤和凋落物层的微生物、土壤动物呼吸，但一些方法测定的仅为土壤微生物呼吸，请视情况备注说明。

测定方法在“培养法、成分综合法、根生物量外推法、根移除法、挖沟隔离法、林隙法、同位素脉冲标记法、同位素连续标记法、文献值法、其他、不详”中选一。各方法见 3.3.3.4 节说明。

（5）土壤呼吸：指土壤总呼吸，即根系和异养呼吸之和（含凋落物）。测定方法在“碱吸收法、密闭气室法、动态密闭气室法、开放气流红外 CO_2 分析法、文献值法、其他、不详”中选一。各方法见 3.3.3.2 节说明。

（6）生态系统呼吸：植被呼吸 R_a+异养呼吸 R_h，或（植被）地上呼吸+土壤呼吸。除了这种各组分累加的方法外（属清查法），也可用涡度相关法等方法测定（见 3.3.4 节）。

3.4.5.6 生态系统碳通量

分别填写文献报道的 GPP、NPP、NEP、NR、NBP 等值。NR 为生物量干扰损失（因人为或其他因素导致生态系统内的碳储量流失）。

测定方法：在“清查法、气室法、涡度相关法、文献值法、其他、不详”中选一，见 3.3.4 节。

3.4.5.7 凋落物分解

（1）（分解）速率：上下两格分别填写分解模型的 *k*、*a* 值。

（2）模型：文献所采用的分解模型，在“指数、修正指数、其他”中选一（见 3.3.5 节）。

（3）器官：在“叶、枝、木材、根、细根、其他”中选一（如 Zhang et al.，2008）。

3.4.6 其他事宜

3.4.6.1 建议分工方式

（1）不同的生态系统类型（如森林、草地、灌丛、城市等）的文献数据，由专门从事该类生态系统研究的单位来收集，以发挥各单位特长，同时避免重复收集数据及数据编号重复。

（2）文献数据收集一般采用在数据库中搜索文献的方式。但这种方式在同一生态系统由多人收集数据时，很难避免不同收集者之间的文献重复，不易于分工。同时，在搜索的关键词、搜索方法不当时，容易漏掉不少文献。因此建议每个单位采用如下分工方式。

首先，列出研究该生态系统的主要国内外刊物，按重要性排序，先收集重要刊物的数据。

然后，各单位的每个收集人负责一个刊物的数据收集，完成一个刊物的收集工作后再收集下一刊物的数据。这样可有效避免不同收集人之间的文献重复，也方便按前面规定存储文献以便汇总。由于不同收集者的文献 PDF 都是按照刊物分子目录存储，数据汇总时只需将不同收集者的数据拷入“D:/碳收支数据收集文献/收集单位缩写/”目录下，不存在相互文献重复的问题。

对于每个刊物，建议逐年、逐期根据文献名称、关键词、摘要逐篇下载相关文献，进行数据收集。这样的好处在于今后不用再返工核查有无遗漏文献。

（3）以上流程适于收集散布于各篇文献中的数据。对于已有数据集（如网上数据库、data paper、文献后附数据集），以及课题各单位已经系统整理的野外测定结果，由于已有规范的数据结构，可编程批量读入最终数据库中。

3.4.6.2　数据汇总及讨论

（1）数据收集过程中，各单位内部、各单位间需及时汇总已收集数据，讨论对数据、方法、计算理解的问题，以及表格、规范中存在的问题。

（2）数据上交：数据表纸版经收集单位汇总、检查无误后，按照数据编号顺序装订，每个刊物的表格分别装订。每个样地如有附表，装订在相应主表之后。

汇交给项目的材料包括：①按上述方式装订的数据表格纸版；②数据电子版，即录入数据库的电子版数据；③所收集各篇文献的 EndNote 和 PDF 文件。

参考文献

陈大珂, 周晓峰, 赵惠勋, 王义弘, 金永岩. 1982. 天然次生林四个类型的结构功能与演替. 东北林学院学报, 10: 1-20.

程慎玉, 张宪洲. 2003. 土壤呼吸中根系与微生物呼吸的区分方法与应用. 地球科学进展, 18: 597-602.

丁宝永, 刘世荣, 蔡体久. 1990. 落叶松人工林群落生物生产力的研究. 植物生态学与地植物学学报, 14: 226-236.

方精云. 1999. 森林群落呼吸量的研究方法及其应用探讨. 植物学报, 41: 88-94.

方精云. 2000. 中国森林生产力及其对全球气候变化的响应. 植物生态学报, 24: 513-517.

方精云, 柯金虎, 唐志尧, 陈安平. 2001. 生物生产力的“4P”. 概念、估算及其相互关系. 植物生态学报, 25: 414-419.

方精云, 刘国华, 朱彪, 王效科, 刘绍辉. 2006. 北京东灵山三种温带森林生态系统的碳循环. 中国科学(D 辑), 36: 533-543.

方精云, 王襄平, 沈泽昊, 唐志尧, 贺金生, 于丹, 江源, 王志恒, 郑成洋, 朱江玲, 郭兆迪. 2009. 植物群落清查的内容、方法和技术规范. 生物多样性, 17: 533-548.

冯宗炜, 王效科, 吴刚. 1999. 中国森林生态系统的生物量和生产力. 北京: 科学出版社.

郭大立. 2007. 植物根系结构、功能及在生态系统物质循环中的地位. In: 邬建国. 现代生态学讲座(III)学科进展与热点论题. 北京: 高等教育出版社.

郭允允. 2007. 天山云杉树木生长及生态系统生产力对气候变化的响应.北京大学硕士研究生学位论文.

黄建辉, 韩兴国, 陈灵芝. 1999. 森林生态系统根系生物量研究进展. 生态学报, 19: 270-277.

焦北辰. 1998. 中国自然地理图集. 北京: 中国地图出版社.

李凌浩, 韩兴国, 王其兵, 陈全胜, 张焱, 杨晶, 白文明, 宋世环, 邢雪荣, 张淑敏. 2002. 锡林河流域一个放牧草原群落中根系呼吸占土壤总呼吸比例的初步估计. 植物生态学报, 26: 29-32.

李文华, 罗天祥. 1997. 中国云冷杉林生物生产力格局及其数学模型. 生态学报, 17: 511-518.

李意德, 曾庆波, 吴仲民, 杜志鹄, 周光益, 陈步峰, 张振才, 陈焕强. 1992. 尖峰岭热带山地雨林生物量的初步研究. 植物生态学与地植物学学报, 16: 293-300.

刘国华, 傅伯杰, 方精云. 2000. 中国森林碳动态及其对全球碳平衡的贡献. 生态学报, 20: 733-740.

刘绍辉, 方精云, 清田信. 1998. 北京山地温带森林的土壤呼吸. 植物生态学报, 22: 119-126.

刘允芬, 于贵瑞, 温学发, 王迎红, 宋霞, 李菊, 孙晓敏, 杨风亭, 陈永瑞, 刘琪璟. 2006. 千烟洲中亚热带人工林生态系统 CO_2 通量的季节变异特征. 中国科学(D 辑), 36: 91-102.

鲁如坤. 2000. 土壤农业化学分析方法. 北京: 中国农业科技出版社.

罗天祥. 1996. 中国主要森林类型生物生产力格局及其数学模型. 中国科学院研究生院博士研究生学位论文.

罗云建, 王效科, 逯非. 2015. 中国主要林木生物量模型手册. 北京: 中国林业出版社.

罗云建, 王效科, 张小全, 逯非. 2013. 中国森林生态系统生物量及其分配研究. 北京: 中国林业出版社.
马泽清, 刘琪璟, 王辉民, 李轩然, 曾慧卿, 徐雯佳. 2008. 中亚热带人工湿地松林(*Pinus elliottii*)生产力观测与模拟. 中国科学(D 辑), 38: 1005-1015.
孟宪宇. 2006. 测树学. 北京: 中国林业出版社.
沙丽清, 郑征, 唐建维, 王迎红, 张一平, 曹敏, 王锐, 刘广仁, 王跃思, 孙扬. 2004. 西双版纳热带季节雨林的土壤呼吸研究. 中国科学 D 辑 地球科学, 34(S2): 167-174.
生态系统固碳项目技术规范编写组. 2015. 生态系统固碳观测与调查技术规范. 北京: 科学出版社.
宋永昌. 2001. 植被生态学. 上海: 华东师范大学出版社.
谭学仁, 王中利, 张放, 路治林. 1990. 人工阔叶红松林主要混交类型群落结构及其生物量的调查研究. 辽宁林业科技, 1: 18-23.
吴刚, 冯宗炜. 1995. 中国主要五针松群落学特征及其生物量的研究. 生态学报, 15: 260-267.
吴鹏, 王襄平, 张新平, 朱彪, 周海城, 方精云. 2016. 东北地区森林凋落叶分解速率与气候、林型、林分光照的关系. 生态学报, 36: 2223-2232.
谢宗强, 唐志尧, 赵常明, 徐文婷, 方精云. 2015. 灌丛生态系统固碳研究的野外调查与室内分析技术规范. In: 生态系统固碳项目技术规范编写组. 生态系统固碳观测与调查技术规范. 北京: 科学出版社.
于贵瑞, 伏玉玲, 孙晓敏, 温学发, 张雷明. 2006. 中国陆地生态系统通量观测研究网络(ChinaFLUX)的研究进展及其发展思路. 中国科学 D 辑 地球科学, 36: 1-21.
于贵瑞, 孙晓敏, 等. 2018. 陆地生态系统通量观测的原理与方法. 北京: 高等教育出版社.
张德强, 叶万辉, 余清发, 孔国辉, 张佑倡. 2000. 鼎湖山演替系列中代表性森林凋落物研究. 生态学报, 20: 938-944.
张小全, 吴可红. 2001. 树木细根生产与周转研究. 林业科学, 37: 126-138.
张小全, 吴可红, Murach D. 2000. 树木细根生产与周转研究方法评述. 生态学报, 20: 875-883.
张新平, 王襄平, 朱彪, 方精云, 宗占江. 2008. 我国东北主要森林类型的凋落物产量及其影响因素. 植物生态学报, 32: 1031-1040.
中国科学院中国植被图编委会. 2007. 中国植被及其地理格局——中华人民共和国植被图(1: 1 000 000)说明书. 北京: 地质出版社.
Aragão L, Malhi Y, Metcalfe D, Silva-Espejo J E, Jiménez E, Navarrete D, Almeida S, Costa A, Salinas N, Phillips O L. 2009. Above-and below-ground net primary productivity across ten Amazonian forests on contrasting soils. Biogeosciences, 6: 2759-2778.
Blujdea V, Pilli R, Dutca I, Ciuvat L, Abrudan I. 2012. Allometric biomass equations for young broadleaved trees in plantations in Romania. Forest Ecology and Management, 264: 172-184.
Brown J H, Gillooly J F, Allen A P, Savage V M, West G B. 2004. Toward a metabolic theory of ecology. Ecology, 85: 1771-1789.
Burke M K, Raynal D J. 1994. Fine root growth phenology, production, and turnover in a northern hardwood forest ecosystem. Plant Soil, 162(1): 135-146.
Cannell M G R. 1982. World forest biomass and primary production data. London: Academic Press.
Chambers J Q, dos Santos J, Ribeiro R J, Higuchi N. 2001. Tree damage, allometric relationships, and above-ground net primary production in central Amazon forest. Forest Ecology and Management, 152: 73-84.
Chave J, Andalo C, Brown S, Cairns M A, Chambers J Q, Eamus D, Fölster H F, Fromard F, Higuchi N, Kira T, Lescure J-P, Nelson B W, Ogawa H, Puig H, Riéra B, Yamakura T. 2005. Tree allometry and improved estimation of carbon stocks and balance in tropical forests. Oecologia, 145: 87-99.
Chave J, Réjou-Méchain M, Búrquez A, Chidumayo E, Colgan M S, Delitti W B C, Duque A, Eid T, Fearnside P M, Goodman R C, Henry M, Martínez-Yrízar A, Mugasha W A, Muller-Landau H C, Mencuccini M, Nelson B W, Ngomanda A, Nogueira E M, Ortiz-Malavassi E, Pélissier R, Ploton P,

Ryan C M, Saldarriaga J G, Vieilledent G. 2014. Improved allometric models to estimate the aboveground biomass of tropical trees. Global Change Biology, 20: 3177-3190.

Cornelissen J H C, Lavorel S, Garnier E, Díaz S, Buchmann N, Gurvich D E, Reich P B, Steege H T, Morgan H D, Heijden M G A V D, Pausas J G, Poorter H. 2003. A handbook of protocols for standardised and easy measurement of plant functional traits worldwide. Australia Journal of Botany, 51: 335-380.

Fang J, Brown S, Tang Y, Nabuurs G J, Wang X, Shen H. 2006. Overestimated biomass carbon pools of the northern mid- and high latitude forests. Climatic Change, 74(1-3): 355-368.

Fang J, Guo Z, Hu H, Kato T, Muraoka H, Son Y. 2014. Forest biomass carbon sinks in East Asia, with special reference to the relative contributions of forest expansion and forest growth. Global Change Biology, 20: 2019-2030.

Fang J Y, Chen A P, Peng C H, Zhao S Q, Ci L J. 2001. Changes in forest biomass carbon storage in China between 1949 and 1998. Science, 292: 2320-2322.

Gao Y Z, Giese M, Lin S, Sattelmacher B, Zhao Y, Brueck H. 2008. Belowground net primary productivity and biomass allocation of a grassland in Inner Mongolia is affected by grazing intensity. Plant and Soil, 307: 41-50.

Giardina C P, Ryan M G, Binkley D, Fownes J H. 2010. Primary production and carbon allocation in relation to nutrient supply in a tropical experimental forest. Global Change Biology, 9: 1438-1450.

Girardin C A J, Malhi Y, Aragão L E O C, Mamani M, Huaraca Huasco W, Durand L, Feeley K J, Rapp J, Silva-Espejo J E, Silman M, Salinas N, Whittaker R J. 2010. Net primary productivity allocation and cycling of carbon along a tropical forest elevational transect in the Peruvian Andes. Global Change Biology, 16: 3176-3192.

Graumlich L J, Brubaker L B, Grier C C. 1989. Long-term trends in forest net primary productivity: Cascade Mountains, Washington. Ecology, 70: 405-410.

He J S, Wang Z H, Wang X P, Schmid B, Zuo W Y, Zhou M, Zheng C Y, Wang M F, Fang J. 2006. A test of the generality of leaf trait relationships on the Tibetan Plateau. New Phytologist, 170: 835-848.

Lauenroth W K. 2000. Methods of estimating belowground net primary production. In: Sala O E, Jackson R B, Mooney H A, Howarth R W. Methods in Ecosystem Science. New York: Springer.

Law B E, Thornton P E, Irvine J, Anthoni P M, Tuyl S V. 2001. Carbon storage and fluxes in ponderosa pine forests at different developmental stages. Global Change Biology, 7: 755-777.

Liu C, Wang X P, Wu X, Dai S, He J-S, Yin W L. 2013. Relative effects of phylogeny, biological characters and environments on leaf traits in shrub biomes across central Inner Mongolia, China. Journal of Plant Ecology, 6: 220-231.

Ma W H, He J-S, Yang Y H, Wang X P, Liang C Z, Anwar M, Zeng H, Fang J Y, Schmid B. 2010. Environmental factors covary with plant diversity–productivity relationships among Chinese grassland sites. Global Ecology and Biogeography, 19: 233-243.

Malhi Y, Aragão L E O C, Metcalfe D B, Paiva R, Quesada C A, Almeida S, Anderson L, Brando P, Chambers J Q, Costa D, Hutyra L R, Oliveira P, Patiño S, Pyle E H, Robertson A L, Teixeira L M. 2009. Comprehensive assessment of carbon productivity, allocation and storage in three Amazonian forests. Global Change Biology, 15: 1255-1274.

Mokany K, Raison R J, Prokushkin A S. 2006. Critical analysis of root: shoot ratios in terrestrial biomes. Global Change Biology, 12: 84-96.

Nehrbass - Ahles, C., F. Babst, S. Klesse, M. Nötzli, O. Bouriaud, R. Neukom, M. Dobbertin, and D. Frank. 2014. The influence of sampling design on tree - ring - based quantification of forest growth. Global Change Biology 20: 2867-2885.

Nie X, Yang Y, Yang L, Zhou G. 2016. Above-and belowground biomass allocation in shrub biomes across the Northeast Tibetan Plateau. PLoS ONE, 11: e0154251.

Niklas K J. 2006. A phyletic perspective on the allometry of plant biomass - partitioning patterns and functionally equivalent organ - categories. New Phytologist, 171: 27-40.

Pérez-Harguindeguy N, Díaz S, Garnier E, Lavorel S, Poorter H, Jaureguiberry P, Bret-Harte M, Cornwell W, Craine J, Gurvich D. 2013. New handbook for standardised measurement of plant functional traits worldwide. Australian Journal of Botany, 61: 167-234.

Saatchi S S, Harris N L, Brown S, Lefsky M, Mitchard E T A, Salas W, Zutta B R, Buermann W, Lewis S L, Hagen S, Petrova S, White L, Silman M, Morel A. 2011. Benchmark map of forest carbon stocks in tropical regions across three continents. PNAS, 108(24): 9899-9904.

Schmid B, Balvanera P, Cardinale B J, Godbold J, Pfisterer A B, Raffaelli D, Solan M, Srivastava D S. 2009. Consequences of species loss for ecosystem functioning: meta-analyses of data from biodiversity experiments. In: Naeem S, Bunker D E, Hector A, Loreau M, Perrings C. Biodiversity, Ecosystem Functioning, and Human Wellbeing: An Ecological and Economic Perspective. Oxford: Oxford University Press: 14-29.

Shipley B. 2010. From plant traits to vegetation structure: chance and selection in the assembly of ecological communities. Cambridge: Cambridge University Press.

Su H, Sang W, Wang Y, Ma K. 2007. Simulating Picea schrenkiana forest productivity under climatic changes and atmospheric CO_2 increase in Tianshan Mountains, Xinjiang Autonomous Region, China. Forest Ecology and Management, 246: 273-284.

Wang X P, Fang J Y, Zhu B. 2008. Forest biomass and root-shoot allocation in northeast China. Forest Ecology and Management, 255: 4007-4020.

Wang X P, Ouyang S, Sun O J, Fang J Y. 2013. Forest biomass patterns across northeast China are strongly shaped by forest height. Forest Ecology and Management, 293: 149-160.

Wright I J, Reich P B, Westoby M, Ackerly D D, Baruch Z, Bongers F, Cavender-Bares J, Chapin T, Cornelissen J H C, Diemer M, Flexas J, Garnier E, Groom P K, Gulias J, Hikosaka K, Lamont B B, Lee T, Lee W, Lusk C, Midgley J J, Navas M-L, Niinemets U, Oleksyn J, Osada N, Poorter H, Poot P, Prior L, Pyankov V I, Roumet C, Thomas S C, Tjoelker M G, Veneklaas E J, Villar R. 2004. The worldwide leaf economics spectrum. Nature, 428: 821- 827.

Wu X, Wang X, Tang Z, Shen Z, Zheng C, Xia X, Fang J. 2015. The relationship between species richness and biomass changes from boreal to subtropical forests in China. Ecography, 38: 602-613.

Xu K, Wang X, Liang P, An H, Sun H, Han W, Li Q. 2017. Tree-ring widths are good proxies of annual variation in forest productivity in temperate forests. Scientific reports, 7: 1945.

Xu, K., X. Wang, P. Liang, Y. Wu, H. An, H. Sun, P. Wu, X. Wu, Q. Li, and X. Guo. 2019. A new tree-ring sampling method to estimate forest productivity and its temporal variation accurately in natural forests. Forest Ecology and Management 433: 217-227.

Zhang D, Hui D, Luo Y, Zhou G. 2008. Rates of litter decomposition in terrestrial ecosystems: global patterns and controlling factors. J Plant Ecol, 1: 85-93.

Zhu B, Wang X P, Fang J Y, Piao S L, Shen H H, Zhao S Q, Peng C H. 2010. Altitudinal changes in carbon storage of temperate forests on Mt Changbai, Northeast China. Journal of Plant Research, 123: 439-452.

附录 3　陆地生态系统碳收支文献数据收集附表及说明

附录 3-1　“植物功能性状数据收集表”及其说明

附表 3-1-1　植物功能性状数据收集表　　　数据编号

陆地生态系统碳收支数据收集表　　　　第　/　页

序号	物种	拉丁名	生长型	常绿/落叶	针叶/阔叶	一年/多年生	株高（m）	叶面积（mm^2）	备注
1									
2									
3									
4									
5									
6									
性状单位	叶片厚度（mm）	叶干物质含量（mg/g）	比叶面积（mm^2/mg）	叶 C 含量（mg/g）	叶 N_{mass}（mg/g）	叶 P_{mass}（mg/g）	叶 A_{area} [μmol/(m^2·s)]	气孔导度 [mol/(m^2·s)]	
1									
2									
3									
4									
5									
6									
性状单位	蒸腾速率 [mol/(m^2·s)]	LMA（g/m^2）	叶 N_{area}（g/m^2）	叶 P_{area}（g/m^2）	叶 A_{mass} [μmol/(g·s)]	PNUE [μmol/(g N·s)]			
1									
2									
3									
4									
5									
6									
性状单位	树皮厚度（mm）	木材密度（mg/mm^3）	心材/边材比	最大株高（m）	种子大小（mg）	种子传播类型			
1									
2									
3									
4									
5									
6									
性状单位	根类型	比根长（m/g）	细根直径（mm）	细根组织（mg/mm^3）	细根氮含量（mg/g）	细根磷含量（mg/g）			
1									
2									
3									
4									
5									
6									
性状单位									
1									
2									
3									
4									
5									
6									

物种功能性状联系着群落物种组成和生态系统功能，是群落对环境适应策略的反映。物种和群落的功能性状，以及性状的多样性，对器官、个体到生态系统的功能都有重要影响（如方精云等，2009；Shipley，2010）。因此收集功能性状数据十分重要。

本表格中包含了常见的反映功能型的性状，以及叶、茎、根等器官的常见性状。由于各性状的定义、测定方法内容很多，且已有很好的说明和技术规范，因此在这里不再重复。关于各性状的简要说明，可参考附表 3-1-2。更为详细的各性状说明及调查、测定方法，可参见 Cornelissen 等（2003）、Pérez-Harguindeguy 等（2013）。

附表 3-1-2　主要植物功能性状的计量单位、一般数值范围（引自方精云等，2009）

属性 Traits	建议的计量单位 Unit suggested	范围 Range
叶片属性 Leaf		
叶片大小 Leaf size	mm^2	1~106
叶片厚度 Leaf thickness	mm	
叶片干物质含量 Leaf dry matter content	mg/g	50~700
比叶面积 Specific leaf area	mm^2/mg	2~80
叶寿命 Leaf lifespan	月	0.5~200
叶片氮含量 Leaf N concentration	mg/g	10~60
叶片磷含量 Leaf P concentration	mg/g	0.5~5
最大光合速率 Maximum photosynthetic rate	μmol/(m^2·s)	
气孔导度 Leaf stomatal water conductance	mol/(m^2·s)	
蒸腾速率 Leaf transpiration	mol/(m^2·s)	
枝干属性 Stem		
树皮厚度 Bark thickness	mm	
树干密度 Stem specific density	mg/mm^3	0.4~1.2
心材/边材比率 Heartwood to sapwood area ratio	无单位	
树干高度 Stem height	m	
根系属性 Root		
类型 Root type	类型变量	
比根长 Specific root length	m/g	10~500
细根直径 Fine root diameter	mm	
组织密度 Tissue density	mg/mm^2	
细根氮含量 Fine root N concentration	mg/g	
细根磷含量 Fine root P concentration	mg/g	
繁殖属性 Reproduction		
种子大小 Seed mass	mg	10^{-3}~107
传播类型 Dispersal mode	类型变量	
萌枝能力 Resprouting capacity	无单位	0~100

简要填写说明：

（1）数据编号：同主表格编号。即使只测定了功能性状、没有测定碳循环属性的文献，样地的情况（含基本情况、地理属性、群落属性等）都填写在主表格中，这里不设填写的空间。

填写此表时，注意记载“第　/　页”。

（2）物种、拉丁名：分别填写中名（英文名）及拉丁名，拉丁名用 *Acacia catechu* 格式，中间空一格，**不要填定名人缩写**。

如果是样地各物种平均值等，填写“样地”，不填拉丁名。

（3）生长型：在“乔木、灌木、禾草、非禾草、藤本、其他”中选一。

（4）常绿/落叶、针叶/阔叶：针对木本植物。

（5）一年/多年生：针对草本植物，在“一年、二年、多年”中选一。

（6）株高、最大株高：最大株高是指该物种能生长到的最大高度，是重要的功能性状（Cornelissen et al.，2003）。株高指该研究中实测个体的株高，与很多功能性状有密切关系（如 Liu et al.，2013）。

（7）叶性状：表格中包含了常见的叶性状，其中比叶面积（SLA）有的文献中报道为 LMA，光合速率文献报道数值有基于单位叶重（A_{mass}）的，也有基于单位叶面积（A_{area}）的，二者可根据 LMA 相互换算。氮和磷的含量情况类似（Wright et al.，2004；He et al.，2006）。为方便记载、换算，两种变量都列出。

同时，表中留出了空白列，用于填写文献报道的其他叶性状，如 PNUE（光合氮利用效率）。

（8）枝干、繁殖、根性状：简要说明见附表 3-1-2，详见 Cornelissen 等（2003）、Pérez-Harguindeguy 等（2013）。

（9）备注：记载需说明的情况。

附录 3-2　“乔木、灌木生物量方程收集表”及其说明

附表 3-2　乔木、灌木生物量方程收集表　　　　**数据编号**

陆地生态系统碳收支数据收集表　　　　第　/　页

物种	拉丁名		乔/灌木	常绿/落叶	针叶/阔叶	D_{min}（cm）	D_{max}（cm）	H_{min}（m）	H_{max}（m）
枝叶测定方法	根起测直径（mm）	根测定方法	根挖掘面积（m^2）	挖掘深度（m）	包含根桩 Y/N	拟合方法	其他方法问题		
器官	模型形式	*a*	*b*	*c*	*d*	R^2	Adj. R^2	SEE/CF	*n*
树干									
去皮树干									
树皮									
枝									
叶									
果（花）									
地上									
根									
根桩									
主根									
侧根									
整株									
模型中变量缩写：胸径. *D*（cm）；基径. D_0（cm）；高. *H*（m）；冠幅. CW（m）；冠面积. CA（m^2）；生物量. *M*（kg）									
备注：									

生物量方程是采用相关生长法估算生物量的基础，也是多数林分生产力研究中必需的（如罗天祥，1996），文献中也积累了大量的生物量方程数据。虽然已有研究对国内的生物量方程进行过整理（罗云建等，2015），但并不包括灌木及国外文献，同时，所收集变量也不够全面，不能完全满足本项目对测定方法进行评估的需要。为了更好地进行测定方法的比较、评估，需要收集相关数据。

填写说明：

（1）数据编号等基本情况：同样，样地的情况（含基本情况、地理属性、群落属性等）都填写在主表格中。这里只记录数据编号以与主表格对应。

（2）物种：第一格填写中、英文名，第二格填写拉丁名（格式同上）。

（3）乔/灌木：在“乔木、树形灌木、典型灌木、贴地灌木”中选一。

乔木：这里定义为胸径可测的木本植物，含杜鹃、一些槭树、暴马丁香等小乔木。

树形灌木：无胸径（高不及 1.3 m，或 DBH<3 cm），有像乔木一样明确的主干，可以乔木的方式测定基径等、建立生物量方程。

典型灌木：茎干丛生，无明确主干。如胡枝子、荆条。往往采用株高、冠幅等指标建立生物量方程效果更好。

贴地灌木：冠幅离散，完全贴近地面生长，一般见于荒漠，如小蓬荒漠（谢宗强等，2015）。

（4）常绿/落叶、针叶/阔叶：根据植物所属类型选一。

（5）$D_{\min}$、$D_{\max}$、$H_{\min}$、$H_{\max}$：建立模型所用样本的胸（基）径、树高范围，是模型应用时极为重要的参数。

（6）枝叶测定方法：在“全部测定、相关生长、其他、不详”中选一。

对于地上器官，树干的测定方法相对统一，一般都是分段测定鲜重后取圆盘样测定含水率计算干重。对于枝和叶，在生物量较小时，也是称取总鲜重后取样测定含水率（这里称为全部测定法）；但在生物量较大时，也有采用测定树木各枝的基径、枝长，然后取部分枝测定枝、叶生物量，建立生物量和基径、枝长关系，然后计算总生物量的（这里称为相关生长法）。因此，枝、叶的测定方法需记载。

（7）根起测直径：如上所述，这些根系取样方法的参数对数据质量影响很大。虽然很多国内文献并未详细报道（记为“不详”），但在有相关信息的情况下，应当尽量记载。

（8）根测定方法：在“全部测定、部分挖掘、不详”中选一。

部分文献在根生物量很大时，并未全部挖掘测定，而是部分挖掘（如采用小样方法）；对于部分挖掘的，需记录如下信息：根系挖掘面积（m^2）、挖掘深度（m）、根桩是否测定（未测根桩的数据在乔木中不用再收集）。

（9）模型拟合方法：在“一类回归、二类回归”中选一。一类回归（如常用的最小二乘回归）可能低估斜率，近年来越来越多的研究采用二类回归，如简约主轴分析（reduced major axis model，RMA）、标准主轴分析（standard major axis，SMA）等方法进行拟合（如 Blujdea et al.，2012）。

（10）其他方法问题：备用，可自行填写。

（11）器官：表中列出了文献中常见的建立模型的器官，有特殊情况可自行在各主器官下加行（如有的文献对枝进行分级）。

部分文献对同一器官生物量给出了用不同变量，或者相同变量但不同函数的形式的方程（如 Blujdea et al.，2012），请在相应器官处自行加行记录。

（12）模型形式：对于 D 和 H，文献中常见的模型形式有以下几类。

幂函数（及其转换形式）：

（A）$M=a\times(D^2H)^b$

（B）$\ln(M)$或 $\log(M)=a+b\times\ln(D^2H)$或 $\log(D^2H)$

（C）$M=a\times D^b\times H^c$

（D）$\ln(M)$或 $\log(M)=a+b\times\ln(D)+c\times\ln(H)$[或 $\log(D)$、$\log(H)$]

（E）$M=a\times D^b$

（F）$\ln(M)$或 $\log(M)=a+b\times\ln(D)$或 $\log(D)$

线性：

（G）$M=a+b\times D$

（H）$M=a+b\times(D^2H)$

二项、多项式：

（I）$M=a+b\times D+c\times D^2$

（J）$M=a+b\times D^2$

（K）$M=a\times D^b+c\times D^d$

指数：

（L）$M=\exp(a+b\times D)$

（M）$\ln(M)=a+b\times D$

（N）$M=a\times\exp(b\times D)$

式中，M 为某器官的生物量（Kg），D 为胸径或基径（cm，**基径在公式记载中需以 D_0 表示**，以区别于胸径），H 为株高（m），a、b、c、d 为系数。

文献中还有其他多种的函数形式，无法在此罗列，但以幂函数、线性函数为主（参见罗云建等，2015）。对于灌木，一些文献中在基径、高之外还考虑了冠幅（CW）、冠面积（CA）等。因此，对于模型形式的输入，作如下规定：

①**完全符合**上述函数形式的，填写函数代号（A、B 等）。但需注意系数 a、b、c、d 等要按上面函数中的顺序（文献中可能不同）填写。

②其余情况一概填写具体函数。

③在 B、D、F 等对变量取 log 的式中，取 ln 的，填写 B、D、F 等代号。其他要填写公式并注明底数[如 $\log_{10}$(D)]。

④涉及冠幅、基径等其他变量的，变量缩写采用表格中规定，并注明单位。

⑤一些文献中单位和上述规定不同（如灌木的 M、D、H 单位可能分别为 g、mm、cm），有原始数据可转换为表中单位的，转换后填入。无法转换的，请一定备注说明。

⑥少量文献中的直径不是基径或 1.3 m 处胸径，这种数据很难使用，不用收集。

（13）模型系数 a、b、c、d：文献报道了系数的标准误 SE 的，以“系数（SE）”格式填写（无空格），如 3.1470（0.3536）。

（14）模型 R^2：报道的为相关系数的，请转换为 R^2 填入。

（15）Adj. R^2：调整后的 R^2。

（16）SEE/CF：估计标准误（standard error of the estimate，SEE）是评估模型质量的重要参数之一，在文献没有提供 CF 时还可用于计算 CF，**为必须记录的项目**。

校正因子（correction factor，CF），对变量进行 log 转换后，会导致系统估计误差，为了校正这一误差，CF 是很重要的，因此不少文献都会提供 CF，也必须记录。

$$CF=\exp(SEE^2/2)$$

SEE 和 CF 都有时，以 SEE/CF 格式记录。只有一项时，在字段名中去掉另一项。

（17）模型样本数（n）：关键模型参数，文献提供了的必须填写。

（18）备注：主要记载生物量方程建立中方法的细节。如不同级别根（树枝）的直径，部分文献报道了用于拟合方程的原始数据，可记录“有生物量数据”等。

（19）一些文献中，没有自行测定、建立生物量方程，而是列出了所引用的其他文献建立的方程，这种情况也需记录生物量方程，并在附表 3-2 的备注中注明“生物量方程来自：某某文献（文献格式参照 3.4.2 节中关于文献格式的规定）”。

附录 3-3 “农田生态系统文献数据收集表”及其说明

附表 3-3 农田生态系统文献数据收集表

数据编号		生态系统类型		洲、国家		数据收集人		收集单位	
文献									
文献链接			检查人		刊物/书名			发表年	
1. 地理属性[注意：仅给出范围的数据（如经纬度）按最小值～最大值格式填写，详见填写说明]									
地点	省 市								
纬度（°）		坡度（°）		年均温（℃）		最热月均温（℃）		无霜期（d）	
经度（°）		坡向		年降水（mm）		积温（d℃）		年均日照时数（h）	
海拔（m）		坡位		最冷月均温（℃）		气候类型			
土壤类型			土壤母质			土壤分类系统			
土壤质地		黏粒含量(%)		粉粒含量（%）		砂粒含量(%)		土壤厚度（cm）	
容重（g/cm³）		含水率（%）		pH		土壤有机质含量(g/kg)			
全氮含量（g/kg）		碱解氮（mg/kg）		速效氮（mg/kg）		全磷含量（g/kg）		速效磷（mg/kg）	
全钾含量（g/kg）		速效钾（mg/kg）		阳离子交换量 CEC（cmol/kg）			土地利用类型（水田或旱地）		
其他									

2. 试验设计									
试验开始年		作物制度				试验处理数量		重复次数	
小区面积（m^2）		作物类型 1		作物品种 1		作物类型 2		作物品种 2	
作物类型 3		作物品种 3		其他					

	试验处理 1	试验处理 2	试验处理 3	试验处理 4
处理名称（英文简称）				
氮肥[品种，用量]				
磷肥[品种，用量]				
钾肥[品种，用量]				
复合肥[品种，用量]				
有机肥[品种，用量]				
灌溉				
耕作方式				
秸秆还田				
其他				
备注				

3. 碳循环属性					
试验处理 1		收获作物类型		土样前处理方法	
土壤有机质测定方法					

层次描述（如 0~10、10~20、……）	土壤有机质含量（g/kg）							
	测量时间 1	测量时间 2	测量时间 3	测量时间 4	测量时间 5	测量时间 6	测量时间 7	测量时间 8
土壤层次 1（cm）								
土壤层次 2（cm）								
土壤层次 3（cm）								
土壤层次 4（cm）								
土壤层次 5（cm）								
土壤层次 6（cm）								
土壤层次 7（cm）								
土壤层次 8（cm）								
土壤层次 9（cm）								
土壤层次 10（cm）								
备注								

4. 碳循环属性	
试验处理 2	

层次描述（如 0~10、10~20、……）	土壤有机质含量（g/kg）							
	测量时间 1	测量时间 2	测量时间 3	测量时间 4	测量时间 5	测量时间 6	测量时间 7	测量时间 8
土壤层次 1（cm）								

土壤层次 2（cm）								
土壤层次 3（cm）								
土壤层次 4（cm）								
土壤层次 5（cm）								
土壤层次 6（cm）								
土壤层次 7（cm）								
土壤层次 8（cm）								
土壤层次 9（cm）								
土壤层次 10（cm）								
备注								

第 3.4 节中的文献数据收集规范和表格，主要适用于森林、灌丛、草地等自然生态系统。农田生态系统的碳循环研究有较大差异，文献主要测定不同试验处理下的土壤有机质含量。因此特制定相应数据收集表格和填写规范。如附表 3-3 所示，《农田生态系统文献数据收集表》包括 4 个方面的内容：文献基本情况、地理属性、试验设计和碳循环属性。

土壤有机质与土壤有机碳是土壤中有机物质的不同表示方式，是土壤中较为活跃的部分，表示土壤肥沃程度。其含量和动态在土壤质量演变和全球碳循环中起着十分重要的作用。通常分析测试中土壤有机质是使用重铬酸钾氧化，硫酸亚铁滴定测定有机碳含量，再乘以转换系数（1.724）换算成土壤有机质含量。鉴于文献收集中土壤有机质（SOM）与土壤有机碳（SOC）含量同时存在，可在上面碳循环属性表中自行将“土壤有机质含量（g/kg）”改为“土壤有机碳含量（g/kg）”，分别用于收集相应的碳文献数据。

填写说明：

（1）数据编号：按“期刊名缩写-文献序号-文献名称”格式填写。

（2）生态系统类型：填写“农田”。

（3）纬度（°）和经度（°）：填写具体的试验地点经纬度，单位为°；如果仅给出范围的数据（如经纬度）按“最小值～最大值”格式填写。

（4）土壤类型：中国主要土壤发生类型可概括为红壤、棕壤、褐土、黑土、栗钙土、漠土、潮土（包括砂姜黑土）、灌淤土、水稻土、湿土（草甸、沼泽土）、盐碱土、岩性土和高山土等系列。具体根据文献中列出的土壤类型填写。

（5）作物制度：一年一熟、一年二熟、一年三熟、二年一熟等。

（6）作物类型：常见农田作物类型包括水稻（早稻、晚稻、一季稻、再生稻等）、小麦、玉米、棉花、油菜、大豆、马铃薯、青稞、蚕豆、花生、蔬菜作物、饲料作物、药用作物等。

（7）氮肥：包括硝酸钠、硝酸钙、硝酸铵、硝酸铵钙、硫硝酸铵、尿素等，填写试验施用的氮肥类型及用量。

（8）磷肥：包括过磷酸钙、重过磷酸钙、钙镁磷肥、磷矿粉等，填写试验施用的磷肥类型及用量。

（9）钾肥：主要有氯化钾、硫酸钾、草木灰、钾泻盐、磷酸一钾（磷酸二氢钾）等，填写试验施用的钾肥类型及用量。

（10）复合肥：指含有两种或两种以上营养元素的化肥，以配合式氮-磷-钾的顺序，分别标明总氮、有效五氧化二磷、氧化钾的百分含量。常见化学合成复合肥的种类主要包括磷酸二铵、磷酸一铵、硝酸磷肥、硝酸钾和磷酸二氢钾等。

（11）有机肥：农家肥（厩肥、沤肥、沼气肥）、绿肥、饼肥、泥肥、商品有机肥等。

（12）灌溉：包括地面灌溉（畦灌、沟灌、淹灌和漫灌）、普通喷灌及微灌等。

（13）耕作方式：主要包括传统耕作、旋耕、深松、平作、翻耕、免耕、垄作、退耕休闲等。

（14）秸秆还田：常见秸秆还田方式有秸秆粉碎翻压还田、秸秆覆盖还田、堆沤还田、焚烧还田、过腹还田等。填写具体采用的方式及相应的还田用量。

（15）土壤层次：根据文献内容填写等间距层次（例如 0～10 cm、10～20 cm 等）或按土壤发生层（例如有机质层、淋溶层、淀积层、母质层等）。

附录 3-4　“沼泽湿地生态系统碳收支数据收集表”及其说明

附表 3-4　沼泽湿地生态系统碳收支数据收集表

数据编号		生态系统类型	湿地	洲、国家	亚洲/中国	数据收集人		收集单位	
文献									
文献链接		检查人		刊物名/书名				发表年	
1. 地理属性[注意：仅给出范围的数据（如经纬度）按“最小值~最大值”格式填写，详见填写说明]									
地点	省					样地号		水位状况	
纬度（°）		坡度（°）		年均温（℃）		最热月均温（℃）		积水状况	
经度（°）		坡向		年降水（mm）		积温（d·℃）		平均水位（cm）	
海拔（m）		地貌		最冷月均温（℃）		生长期（d）		最高水位（cm）	
土壤类型						土壤分类系统			
土壤质地		土壤厚度（cm）		土壤氮含量（%）		土壤层次（cm）	净容重（g/cm）	有机碳含量（g/kg）	有机碳密度（kg C/m^2）
含水率（%）		pH		土壤磷含量（%）					
砾石含量（%）		有效氮（mg/g）		有效磷（mg/g）					
2. 群落属性									
湿地系统类型			植被类型			调查时间		调查天数	
优势种	名称		盖度（%）	层高（m）	调查面积（m^2）	物种数	多样性指数	其他指标	
1									

2								
3								
干扰方式		时间、强度						
叶面积指数		测定方法		其他指标				

3. 碳循环性[注意：干物质重换算为 t C、样地数值换算为/hm^2 后再填入]									
	碳储量			碳储量变化量		损失量[t C/(hm^2·年)]		净初级生产力	
组分或层次	碳储量（t C/hm^2）	测定方法	含碳率（%）	ΔC [t C/(hm^2·年)]	测定方法	调落物产量 D	干扰损失 NR	NPP [t C/(hm^2·年)]	测定方法
地上（植被）1									
地下（活根）2									
死生物量						呼吸	速率[t C/(hm^2·年)]	测定方法	植被地上呼吸
枯立木 3						生态系统呼吸			
地表凋落物 4						土壤呼吸			
根系 5						植被呼吸 R_a			
土壤 6						地上			
生态系统合计						根系			
地上（1+3+4）						异氧呼吸 R_h			
地下（2+5+6）									
碳通量[t C/(hm^2·年)]	GPP（NPP+R_a）	R_a	NPP（NEP+R_h）	R_h	NEP（NBP+NR）	NR	NBP（ESΔC）		
测量方法									
CO_2 通量平均值[mg/(m^2·d)]			观测时段		CO_2 最大值[mg/(m^2·d)]			最大值发生时间	测量方法
CH_4 通量平均值[mg/(m^2·d)]			观测时段		CH_4 最大值[mg/(m^2·d)]			最大值发生时间	测量方法
备注：									

“沼泽湿地生态系统碳收支数据收集表”主要用于中国沼泽湿地生态系统碳收支的文献数据的收集和整理，其中碳循环各个碳库的定义、测试方法及数据计算方法与前部分章节描述一致。但由于沼泽湿地相对于森林、灌丛等生态系统具有一定特殊性，因此对数据收集表格进行了一些调整以更好地适应沼泽湿地文献数据的实际情况。此附件主要针对沼泽湿地碳循环文献收集过程中湿地的地理属性和植被群落属性的分类和定义进行说明。

1. 沼泽湿地系统类型的划分

	一级分类	一级分类关键字
沼泽湿地	藓类沼泽	01
	草本沼泽	02
	灌丛沼泽	03
	森林沼泽	04
	内陆盐沼	05
	季节性咸水沼泽	06
	沼泽化草甸	07

沼泽是最主要的湿地类型之一。我国沼泽湿地面积 2173.29 万 hm^2，占天然湿地面积的 46.56%。沼泽的特点是地表经常或长期处于湿润状态，具有特殊的植被和成土过程，有的沼泽有泥炭积累，有的没有泥炭。沼泽湿地主要有以下几种类型。

（1）藓类沼泽：以藓类植物为主，盖度 100%，有的形成藓丘，伴生有少量灌木和草本。一般有薄层泥炭发育。

（2）草本沼泽：以草本植物为主，包括莎草沼泽、禾草沼泽和杂类草沼泽，植物盖度≥30%。有泥炭或潜育层发育。

（3）灌丛沼泽：以灌木为主，常见有桦、柳、绣线菊、箭竹、岗松、杜香、杜鹃等，植物盖度≥30%。一般无泥炭堆积。

（4）森林沼泽：以木本植物为主，常见有落叶松、冷杉、水松、水杉、赤柏等，郁闭度≥0.2。一般有泥炭或潜育层发育。

（5）内陆盐沼：以一年生或多年生盐生植物为主，如盐角草、柽柳、碱蓬、碱茅、赖草、獐茅等，植物盖度≥30%，水含盐量达 0.6%以上。一般无泥炭形成。

（6）季节性咸水沼泽：受微咸水或咸水影响，只在部分季节维持浸湿或潮湿状况的沼泽。一般无泥炭形成。

（7）沼泽化草甸：为典型草甸向沼泽植被的过渡类型，因季节性和临时性积水而引起的沼泽化湿地。无泥炭堆积。包括河湖滩地，以及分布在平原地区的沼泽化草甸以及高山和高原地区具有高寒性质的沼泽化草甸。

2. 沼泽湿地植被类型的划分（按照优势植被类型划定）

一级分类	一级分类关键字
藓类	01
草本	02
灌丛	03
森林	04

植被类型的划分主要按照沼泽湿地植被的冠层高度和形态特征进行分类，各沼泽湿地植被类型中常见种类同上。

3. 沼泽湿地积水状况的划分

一级分类	一级分类关键字
常年积水	01
季节性积水	02
无明显地表积水	03

常年积水沼泽湿地：有长期超过地表或表层有机质层的积水存在，北方地区冬季有明显结冰水面；在常年积水水面上有漂筏薹草等漂浮植被群落存在的情况，也属于常年积水状况。

季节性积水沼泽湿地：地表积水随季节变化会发生回落至地表以下的状况，并持续一个月以上。

无明显地表积水沼泽湿地：发育过程主要受降雨、冰川、积水融水补给的坡度较大的高原、滨海、山谷等地区的沼泽，地表湿润而无明显积水存在；表面高度超过地表水位以上的发藓丘湿地，地表无明显积水也属于此类情况。

4. 沼泽湿地地貌类型的划分

一级分类	一级分类关键字	二级分类	二级分类关键字
平原	01	林间地和沟谷	01
丘陵	02	泛滥平原、河漫滩、	02
山地	03	旧河道、洼地及冲积扇缘	03
高原	04	宽谷、河漫滩、阶地、各种冰蚀洼地	04
盆地	05		

沼泽湿地地貌类型的划分主要参考中国地貌类型的划分方法（焦北辰，1998）。